JN327613

シリーズ21世紀の農学

農学イノベーション
―新しいビジネスモデルと食・農・環境における技術革新―

日本農学会編

養賢堂

目　次

はじめに …………………………………………………………………3
第1章　6次産業のビジネスモデルとフードチェーン ……………………1
第2章　果物の六次産業化のビジネスモデルを考える ……………………23
第3章　『忘れられた家畜』ヤギ産品の需要喚起とその市場性 ……………45
第4章　ストップ・清酒離れ　酒造りの技術を活かす ……………………63
第5章　エビの陸上養殖最新動向 …………………………………………77
第6章　農畜産バイオマスのエネルギー利用 ……………………………99
第7章　林産学ルネッサンス ………………………………………………119
第8章　農業の技術革新と経営革新
　　　　－農業経済学はイノベーションをどう捉えてきたか－ ………137
あとがき ……………………………………………………………………157
著者プロフィール …………………………………………………………159

はじめに

大熊幹章
日本農学会会長

　日本農学会は,昭和4年(1929)に農学全分野を総合統一し,農学全体の発展を目指す農学系各学協会の連合体として創設されました.現在50の学協会が構成メンバー(会員)になっています.「農学」というと,一般には農業に直接関係する学術と考えられているようですが,日本農学会が対象とする「農学」は,狭義の農学(農業生産と農業関連生物),農芸化学,林学,水産学,獣医畜産学,農業工学,農業経済学等はもとより,広く生物生産,生物環境,バイオテクノロジー等に関わる基礎から応用に至る広範な学術全般を包含しております.

　ところで,現在,発展途上国を中心に世界の人口増加が進む中で地球環境の劣化,資源の枯渇,そして生物多様性の減退が加速度的に進行し,人類生存の危機到来が叫ばれています.人類生存の基本となる食料の生産と供給が持続的に確保出来るか大きな課題となっています.このような状況の中で,生物生産と環境保全の技術の高度化を目指し,もって生物を基本におく循環型社会の形成を目指す「農学」の重要性は日ごと増大してきており,農学の各分野を連結し総合化する日本農学会の役割は益々大きなものになって来ていると考えます.

　さて,日本農業は今,大きな転換期を迎えようとしています.農業生産担い手の減少・高齢化,関税撤廃を目指すTPP交渉への参加,国民の食嗜好の多様化による需要構造の急激な変化などの社会的変動に加えて,気象変化の過激化・環境劣化などに対応するための課題が山積しています.この課題に対処し解決するため

に農業は今大きな転機を迎えつつあると言えましょう．

　農業生産という一次産業に留まっていては明日がない，加工・流通の分野を取り込んだ一つのビジネスとして，いわゆる六次産業化の方向を進むべきという見方が強くなり，政策面でもその方向が打ち出されてきました．確かに従来の水田農業を中心とした主穀部門は極めて重要な食料の安定供給を担ってきましたが，所得保障や環境政策の中で（国の政策で）維持・堅持されるであろうが，ビジネスとしての発展の可能性は希薄になる恐れがあります．これに対して蔬菜・花・食料加工品を中心に流通部門が主導する形でビジネスモデルが展開し，いわゆる六次産業として成功を納め，地域農業を再生しつつある例が見られます．畜産業・水産業・林業にもその動向が見られます．農学が今後の日本農業の発展にどのように貢献できるかを考えると上に述べた農業生産に加工・流通分野を取り込んだいわゆる「六次産業」としての農業の技術革新の展開に寄与することがきわめて重要なポイントになります．

　日本農学会では，日本の農学が当面する様々な課題をテーマに掲げ，そのテーマに精通した研究者に講演をお願いし，学生，院生，若手研究者，さらには農学に関心を持つ一般の方々を対象としたシンポジウムを平成17年度から毎年10月に開催してまいりました．本年度は上述の状況に鑑み農業の六次産業化を取り上げ，成功しているビジネスモデルの紹介，様々な農林水産物のビジネスモデルと技術革新に関する話題提供を行い，新しい農業の発展に貢献する農学の方向を打ち出すシンポジウムを開催することに致しました．

　ここにシンポジウムの講演と討論の成果をまとめ，シリーズ21世紀の農学「農学イノベーション—新しいビジネスモデルと食・農・環境における技術革新」と題して本書を刊行いたします．本書の刊行により日本農業の転換と六次産業化の問題に対する私たちの理解が一段と深まることを期待いたしております．

2014年3月

第1章
6次産業のビジネスモデルとフードチェーン

斎藤　修
千葉大学大学院

1. 課題の構図

　6次産業をめぐる議論は，農商工連携・食料産業クラスター，さらに地域ブランドやバイオマスへと領域を拡大し，担い手や地域の競争力の拡大や地域資源の活用による所得拡大を最終目的としており，農業・農村の再生につながってくる（斎藤, 2007）．ただし，6次産業化は農業生産法人等に担い手の川中・川下も統合化や食品・関連企業との連携などによるバリューチェーン（価値連鎖）の形成に関係し，統合化をとるか，提携をとるかについては，戦略的な課題であり，提携から統合化を指向するケースが多い．この提携は異業種間で発生しやすく，取引コストという理解よりも異なる経営資源の結合となるため，知識の集積と学習効果が図られる．農業生産法人等の規模拡大によるコスト低下だけでは競争力の拡大になりにくく，川中の加工事業や川下のレストラン・直売・観光事業への拡大へと付加価値をつけることによって所得の拡大が図られる．しかし，このような戦略は投資額やリスクの増大になり，経営者能力の向上が要求され，さらにこの事業多角化には，経営資源が異なる事業領域への拡大となるため人材育成が必要になり，事業部や子会社などのグループ形成がなされるようになる．

　6次産業化は産業政策的には経営主体の競争力の強化が戦略となるが，社会政策的には伝統的な家族経営や女性起業も対象となる．ただし，6次産業化は個別的視点だけでなく，地域視点として食品関連企業，JA，自治体や研究機関などと農業

生産者とのプラットフォームを形成してネットワークや連携を強めることになる。このようなネットワークや連携が強まると、イノベーションを誘発しやすくなり、経営体の集積がみられ、食料産業クラスターやフードバレーへと進化することになる。

　TPPやFTAによって関税率が大きく引き下げられることが想定され、農業生産者と食品関連企業が共に競争力を拡大するためには、イノベーションと食料産業クラスターによって新製品開発や新産業形成を促進する戦略が必要である。特に新産業の形成は食に限定しない市場の創造を含んでおり、新製品開発も健康食品や機能性食品への関心が高まっている。

　以上のように6次産業をめぐるビジネスモデルとは、農業生産法人等の個別経営が成長する戦略として有効であるばかりでなく、地域の視点からプラットフォームをつくり、イノベーションを誘発させて持続的成長を図るには食料産業クラスターの戦略と、さらに農業生産者と食品関連企業等の連携に戦略によって情報共有化と知識蓄積と相互の学習→価値提案→事業戦略を構築することによって地域資源の活用と所得の拡大を図ることになる。広い意味では、イノベーションは、情報や知識から事業戦略による所得の拡大にまでの過程を含んでいる。また、ここでの価値提案には地域ブランドの確立が関係し、消費者への信頼性の構築が図られる。さらに、プラットフォームに参加する食品関連企業は地域再生やコミュニティの活性化などの社会的目的をもつ社会的企業としての役割期待がある。

2. フードシステム・農業経済学領域におけるイノベーション

　この領域での農業・食料を革新するための第1のイノベーションを6次産業による農業経営の革新を軸にして、さらに関連してフードチェーンの面から第2と第3のイノベーションの必要性を説明し、最終的に第4のイノベーションとして地域再生のために知識―価値提案―事業戦略を組み立てるプラットフォームの構築を提案する。第1の生産―加工―販売を統合した経営体は大規模な農業生産法人が注目されやすいが、家族経営や女性起業も対象となる。大規模な農業生産法人は付加価値や余剰資源を活用した所得形成などの追求で加工・販売を統合して、早くから成長戦略としてきた経緯がある。

関連した第2のイノベーションは実需者（食品関連事業者）との連携による異なる経営資源の結合によるイノベーションであり，食品事業者から農業者への知識や技術の移転や資本の出資，さらに連携を強めた製品開発や新たな産業形成などが関係し，食料産業クラスターの形成に関与する要因を多く含んでいる．この実需者との関係は，農業サイドの価値を実現するために品質，安全性，機能性などを製品開発に活かし，またブランド管理に活用することでバリューチェーンを構築することを課題としている．そして，連携の関係を強化するのに制度的障壁が大きな制約になる場合には，規制緩和が必要になる．

　第3のイノベーションは，バリューチェーンを消費者までつなぐために川上の農業から川中・川下の経済主体をつなぎ，さらに効率性の追求のためにサプライチェーンと統合化を図るべきであろう．この消費者までのバリューチェーンは，信頼性につなげるにはトレーサビリティ，GAP，HACCP などの安全性の基準があるが，さらに量販店や生協などの PB や農業サイドの地域ブランドとの調整，農業参入企業のフードシステムの形成など，農業サイドからの国産フードシステムの構築まで拡大してくる．農業サイドの価値は，安全性・品質・機能性（健康性）の価値提案だけでなく，文化・景観などイメージを含んで「価値の束」となって地域ブランドを構成する．また，生協等では，産地システムをさらに進化させて消費者参加型の製品開発を展開するなど，農業サイドの「価値の束」を効果的に活用しようとしている．

　農業者を中心とした 6 次産業化では，個別視点が強く地域視点が入りにくくなる．というのは，経営学的には産業組織や競争戦略からは製品に焦点がおかれやすいが，地域視点では地域資源ベースへの転換が必要であり，それには地域内でのネットワークやチェーン構築が戦略的に重要になるからである．このネットワークは特定産業の集団としてクラスターを構想するだけでなく，ネットワークの強化と経済主体・行政・研究機関の役割配分などにプラットフォームの形成が必要になる．これまでネットワーク参加者間での知識の蓄積と共有化や暗黙知から形式知への転換などを課題としてきたが，価値創造さらに事業戦略を展開し，所得と雇用の拡大まで図る必要がある．これに参加する食品企業等は耕作放棄地の活用，高齢者福祉の支援や担い手育成などへの取り組みなど社会的企業としても

役割を担うことが期待させている.

　また, 農水省の政策的範囲は第1と第2のイノベーションに集約されやすいが, フードシステム・農業経済学の視点からは, 第3と第4のイノベーションを加えて, バリューチェーンを消費者まで繋ぎ, さらに地域の競争力を拡大する戦略を持つべきであろう. 6次産業や農商工連携の推進役となるコーディネーターやプランナーなどは, 取引の調整役にはなるが, 現在求められるのは地域マネジメントを担うマネージャーの育成であろう.

　イノベーションは経営内ないし経営間で生産要素や経営資源の新結合が, 収穫逓増的効果が実現されることである. ここイノベーションは知識の創造や蓄積にとどまらず, 価値創造を含まれ, さらにプラットフォーム構築による地域の組織化もイノベーションの範疇に入れるべきであろう. つまりシステムの革新までダイナミックな展開を想定し, 参加する経営主体にインセンティブと革新をもたらすことになるであろう.

3. 農業サイドからの6次産業化の戦略

(1) ビジネスモデルの意義

　先進的に農業生産法人が成長戦略として生産から加工・販売の統合化の事業展開をとったのは, 山口県の船方総合農場であった. この経営では酪農と肉用牛の生産から乳製品やハウスでの焼肉レストラン, さらに交流事業を導入し, 3つの農業生産法人のグループ経営を展開した. 生産事業の基盤を拡大するための交流事業は, 利益をとれないままに加工事業の利益が確保できた. その後, 畜産経営, 特に西日本の肉牛肉の経営体は卸売段階の処理加工, 小売段階での店舗の設置やレストランの統合化に入ることによって収益性を改善し, 事業拡大の戦略をとってきた.

　畜産経営は川中・川下との垂直的調整を展開してきた経緯があり, 養鶏部門からインテグレーションが進展し, 資材～加工処理～販売の統合化はビジネスモデルとして確立しやすかった. 生産段階での規模の経済性を実現できない経営体は, 川中・川下へ事業を拡大することは, それほど大きな障壁とならなかった. 畜産経営でも, 牛肉は小売・レストランへの統合化はしやすいが, 鶏肉や豚肉ではメニ

ューでも集客力が低くなる（斎藤，1999）．特に養豚経営では，ハム・ソーセージの加工品は手づくり感覚では差別化が限界になり，川中から川下へ，さらに消費者に近づくことが統合化の戦略となった．この戦略は養豚業界では，「サイボク」が採用し，やがて「モクモク」に拡大したが，消費者の組織化までに進化した．ただし，大規模な養豚経営は生産段階にとどまり，川下への統合化戦略はとられなかった．このサイボクとモクモクの加工と販売，さらに交流・食育による統合化の戦略は，ビジネスモデルとして養豚経営に波及したが，小規模な経営体では，処理加工場や小売店舗・交流施設への投資額が高額になる．特にモクモクでは創業から60億円が投資され，売上額51億円，従業員700人まで拡大してきた．ここでのレストランはビッフェ型の形態をとり，やがてハム・ソーセージ，地ビール，乳製品などの品揃えでメニュー提案力をつけて名古屋や大阪の中心部にレストランを設置するようになった．生産システムも直営農場としてコメ・野菜の作付を拡大した．

　肉用牛でも広島県の「なかやま牧場」では，数千頭の直営農場に処理加工場から量販店の統合化によって生産から販売までの統合化によって流通を効率化し，地域の市場占有率を拡大した．しかし，レストランはステーキのチェーン化を展開したが，継続されにくかった．これらは6次産業化によって大規模化した経営体が成長する典型的なケースであったが，短期的に成長できる性格のものではない．多くの農業生産法人や家族経営で6次産業化を志向する経営体は，むしろ投資額を抑えて，できるだけ組織内での人材育成を前提に事業領域を決めるようになった．

　部門ごとにみると，酪農のアイスクリームやジェラードなどでは，家族から担当者を選定しやすいし，女性起業では妻や娘が加工・販売の担い手としての役割を演じ，生産は夫が担うことで「大型の家族経営」として成長することになる．また，米粉を使用したパンやケーキなどの加工事業への投資額は，生産事業への投資額を超えており，また川中の利益が生産を凌駕するようになった．このように農業生産法人や家族経営ともに全体的に加工や直売が拡大するようになった．

　以上のように部門や戦略によってビジネスモデルが異なっており，戦略が効果的かどうかは投資額，技術水準，製品の差別化の程度などが関係してくる．特に，

革新技術の導入や新事業の導入については大規模法人になると食品企業との連携や外部からの専門的スタッフの確保などに優位性があり，投資額が嵩んでも技術的障壁が低められ，製品開発のスピードを加速することができるであろう．また，新製品よりも新事業を拡大するには食品関連企業との共同出資による経営体，子会社の設立などグループ化が進展しやすくなる．農業生産法人の垂直的統合化や多角化によって事業領域が拡大し，事業間の相互関連効果が少なくなってくる．経営体は外部からの経営資源を活用しすぎると，内部の人材活用や余剰資源の活用が手薄になりやすい．

新しい事業が軌道にのるには，時間がかかるのが普通であり，それまでの欠損分は収益部門の利益から補てんされるが，長期に存続することは限界になる．特に，短期間のうちに複数の新事業を導入することは，極めてリスクが多くなる．しかし，経営体にとって短期的に成長することは売上額の増加を目標としやすく，収益性は後から改善させるという安易な見込を持っているケースが多い．特に，川下の小売関連事業では，損失による傷が深くなる前に撤退することを想定しておくことも必要である．

一般的に経営規模の拡大と新事業の拡大による多角化が進展するほど，売上額の拡大と収益性の低下のギャップが発生しやすくなり，他方で収益性の高い部門や事業に資源を集中しやすくなる．そのため収益性の確保がしにくくなると，しばしば収益性の低い生産部門が縮小され，周辺生産者との契約生産を拡大し，場合よると市場調達に依存するケースもみられる．経営全体としては，このようなコンフリクトをつねに抱えることになる．

小売やレストラン事業においても外部からの調達割合が増加するにつれてバリューチェーンの関係が弱められる．このレストラン事業の食材コストは適正水準とされる40％の限界を超えて，50％に達すると収益性が確保しにくいとされる．レストランはメニューによって成果が大きく異なり，単品や定食方式よりもビッフェ型レストランが採用されやすい．このレストランが直売所に併設させる場合には，直売所から食材を調達しやすく，また品揃えの野菜を中心に容易であったから食材コストを抑えることが可能であった．また，レストランは集客力の拡大になり，特にビッフェ型レストランはメニューが多こと，さらにスイーツなどの

品揃えが要因となった．
　販売事業は川下や消費者への支援や提案力を強めるという営業活動を伴っているが，取引先との連携が強まるとそれほど活動は必要になくなる．また，店舗をもつか，インショップで店舗と提携するかという選択肢がある．大消費地に近い農業生産法人でもトマトは，市場や直売所に依存するよりも，周年的な安定供給や糖度の向上によって消費者への農場段階での直接販売の割合が高くなって生産―販売の統合化が本格化している．特に，体験・交流を契機とした消費者の組織化が進展すると通販システムを構築しやすくなる．
　レストランや店舗の経営にはメニューの多様化や品揃えに加えてサービスの質が課題になり，シェフや店長の役割が重視される．直売所などの店舗を保有している場合には，レストランの食材調達がしやすくなり，また両者の関係を強めることは惣菜等の製品開発に貢献することになり，バリューチェーンを形成しやすいであろう．

(2) 農業サイドからの川中・川下への統合化の課題

　生産者の川中・川下への統合化の課題は以下の諸点にある．第1に，生産部門よりも加工部門の投資額が増加し，さらに川下の直売所やレストランでも加工部門に付加されても，操業度の拡大がないと収益性が短期的に圧迫されることである．第2に，経営資源の大きく異なった領域への参入であることから，経営者自らが知識の獲得が困難であり，家族関係から適任者を決めるか，新たに人材をスカウトして確保する方法がとられる．第3に，生産，加工，販売の部門間の調整である．第4に，部門間の収益格差が大きくなると，たとえば各部門が他の生産者からの安価な原料（食材）を調達する場合もある．このような調達が拡大するとバリューチェーンが弱められる．第5に，加工事業では工場の下限規模と投資額，技術移転の可能性などを考慮し，自前で投資するか，それとも提携によって共同開発や委託生産の形態をとるかの選択がなされる．

(3) 6次産業化をめぐる論点 （斎藤, 2012）

　6次産業化をめぐる論点として4つの視点がある．第1に，担い手となる農業生産法人やJAの取組が，食品・関連企業との品質水準，サービスをめぐる競争に進化し，これまでのような農村に固有なビジネスとばかりいえなくなったことであ

る．たとえば農村レストランの地域から離れて都市で一般のレストランと競争するには，農的資源を活用したメニューやサービスを有効に活用する必要性がある．また，製品開発なども食品・関連企業との連携や支援が必要であり，外部からの技術移転も課題となってくる．そして，地域全体としての新たな競争力の拡大とビジネスモデルの確立・普及という2つ視点を持つことが重要である．

第2に，地産地消は直売所の6次産業化によって農村地域のコミュニティ（NPOを含む）との関係を強め，特に直売所は地域の経済・社会の拠点的役割を担うようになる．社会政策的な役割として6次産業の担い手として家族経営を含んでおり，「大型の家族経営」で小規模生産・加工，直売・レストランを分担して対応している．また，小規模零細な加工事業には女性起業の役割も大きく，新製品開発の能力が向上するようになった．

第3に，地域内で農業者・食品関連企業間の連携が深化することによってイノベーションが進展し，食料産業クラスターの性格が強くなってくることである．この場合には，①生産者の川中・川下へのインテグレーションによって経営体が集積するタイプ，②生産者と食品・関連企業の連携と集積が進展するタイプの2つがある．この視点は，6次産業と食料産業クラスターとの関連で地域の競争力強化を戦略とし，各段階でのイノベーションの進展，競争と協調の関係が持続される．

第4に，水平的多角化と垂直的統合化を結合させたインテグレーションが経営戦略としてどこまで効果的に展開できるかである．特に，水平的多角化では過度になると効率的資源配分が困難である．また，ビジネスモデルとしての成立条件としては，シナジー効果が発揮しにくい領域への進出，事業規模の拡大とリスク，川下・川中の利益を生産のどのように配分して，生産を強化するか．ワンマンではなく経営者グループをどのように育成するか，などの多くの課題がある．多くの経営体では，水平的多角化は生産資源を活用して，まだシナジー効果を発現しやすいが，本格的な垂直的統合化では経営体が保有する経営資源だけではシナジー効果を発揮しにくいであろう．また，食品・関連企業，試験研究機関との連携による技術移転も必要になってくる．

(4) プロフィットセンター（収益）の役割と部門的特徴

　6次産業化は加工・小売の多様な業態への拡大が想定されてきたが，事業分野や領域によってリスクが大きくことなる．第1に，加工品の位置づけは，実需者・消費者のニーズや技術革新によって異なり，また工場規模や競争力を配慮すれば，加工事業への投資額は増大している．また，農村レストランもうどんやそば，さらに定食屋から進化し，一般のホテル・レストランのメニュー・サービスとの競争に直面するようになって，メニュー・サービスの改善と地域資源・食文化による優位性の形成が課題となってきた．

　特に加工事業が小規模の場合には，直売の割合を高めるが，やや規模が大きくなると実需者・取引先との連携，食品・関連企業からの技術移転や人材確保が必要になる．

　第2にプロフィットセンターが川下に移行させるには，多くの努力が必要であり，ある養鶏農家は一流レストランで修業し，また農村サイドからのビュフェ型レストランの先駆者であるモクモクは，メニュー開発に多くの期間とノウハウを集積してきた．それに対して焼き肉などのレストランは，それほどのノウハウは必要でなかったが，プロフィットセンターには成りにくかった．多くの農村レストランは直売所に併設され，直売所の食材を有効に活用することでバリューチェーンが形成され，また食材コストが節約された．川下業態には観光農園，民宿まで含まれる．

　第3に統合化する効果が高いのは，直売所からの統合化であり，直売所―レストラン―交流があり，担い手育成として観光農園が周辺に形成されやすい．この内で観光農園では直売所―レストランというパターンであり，直売所には早い段階で小規模な加工施設が統合化されやすい．また，直売所ではバリューチェーンの拡大のために加工業務用への拡大，加工場の設置，農商工連携による製品開発にはいっている．

　第4に川中の加工事業から川下の業態まで繋いで2つのプロフィットセンターをつくることは制約条件が多い．多くの経営体では，経営を多角化しても利益の出やすい事業に経営資源を集中しやすい構造があり，収益を出しにくい部門で独立採算制をとり，別会社になると，経営体全体としての利益配分をしにくくなる．

この調整は，内部仕入価格の調整でなされるが，価格条件によって外部からの調達も配慮され，チェーンの関係が弱くなりやすい．法人経営によっては，収益のあげやすい加工事業へ資源を集中させて，生産部門を直営から契約生産に転換する場合もみられる

4．連携の深化とチェーンの構築

(1) バリューチェーンの構築

　連携の最終的な目的はウィン・ウィンの関係構築による相互の競争力の拡大であり，社会的にはサプライチェーンによる効率化の追求が必要である．このチェーンでは「見える化」が進展し，トレーサビルティ，GAP，情報の共有化が主体間で進展することになった．そもそも流通システムが小売段階での競争構造の変化によって効率性を追求して，価格競争を誘発しやすいチェーンの形成がなされ，他方では食品事業者と農業サイドの連携が新しいチェーンを構築するようになり，両者はシステム間競争を伴いながら併存するようになった．ここでは，バリューチェーンだけではなく，サプライチェーンの構築と連動して効率化を展開することで競争力を維持することが必要になった．

　農業サイドの地域資源は実需者，さらに消費者までの価値提案をするためのチェーンとして地域ブランド戦略の活用があり，この地域ブランドの中には要素として食味・安全性・機能性（健康性）をセットとして含んでいる．小売サイドのPBもこれらのブランド要素の結合がなされている．まず，小売段階からのバリューチェーンは，生協の産直では「見える化」が交流事業や公開確認会によって進展し，環境・安全性・自給率の拡大までつながったバリューチェーンを構築するようになり，資材・生産・販売までのチェーンが消費者の学習にくみこまれた．産地段階での製品開発も資材会社，食品企業，流通業者も参加し，コンソーシアムを形成した展開をとるようになった．また，卸売業者の役割も変わり，小売支援機能やコーディネート機能が重要視され，さらに小売との連携を強めるには，特定取引先への専用的流通センターを設立するであろう．

　食品メーカー―卸売―小売業者との関係性は，サプライチェーンの構築による効率化が大きな課題となっており，問屋無用論が論じられる経緯がある．しか

し，卸売業者でも情報システムやコールドチェーンの構築だけでなく，パッケージ・加工事業を統合化するケースが水産物でみられるようになった．さらに，地方卸売市場では，生産者への資材供給 ― 営農指導 ― 販売事業を統合するようになった．また，畜産物では，中小家畜から資材 ― 生産 ― 処理加工 ― 卸売の統合化するインテグレーターが増加してきた．量販店もかつては，肉用牛の直営農場を保有するケースもいられるようになった．

小売業者の産直システムは進化し，指定農場からの調達割合を高め，また直営農場の設置をする企業も増加している．現段階では直営農場はイオン・イトーヨーカ堂などまだ，ビジネスモデルとはなっていないだけでなく，効果的なバリューチェーンを構築されていない．むしろ，量販店・生協も契約的取引の深化が生産法人を中心になって取引依存度を向上させるために全量的取引に移行し，生食用だけでなく，加工業務用として惣菜としての活用もくわえて連携を進化している．

(2) 提携の深化と課題 （斎藤,2001,2011）

食品・関連企業との連携では，経営資源の依存関係や移転によって農業サイドでも加工事業に入っても，これまで以上に成長戦略をとる可能性もある．これまで農業サイドが投資して，技術指導や契約的購入は企業サイドである場合もあり，確実な販売が見込まれる．それに対して農業サイドが原料供給し委託生産をとり，それを全量的に購入する場合には，相手先の優れた技術を活用できるメリットがあるが，購入する製品価格は高くなるであろう．直営農場への投資をとるか，委託生産をとるかの選択は，産地の製品数の多さとも関係する．ここで製品数が多ければ産地の加工施設に多くの製品ラインを設置し，新たな工場投資を図るよりも連携によって投資を軽減する．特に，投資額のかさむ製品が連携を選択し，自前の工場で多少にラインを増設する場合には，工場の投資額を増加させることに対応するであろう．

農業サイドでは，加工場の設置は投資額が多く，また初期には生産数量も少ないことからOEMや委託生産の方式がとられる．特に，ブランド管理を厳格にするには委託生産が必要であり，全量買い上げる方式では，トレーサビルティ，品質管理，検品など原則となる．ただし，取引する企業の選択は立地条件，技術・品質水

準などからなされるが,周辺に最適な工場がなければ,遠隔地の工場に原料を配送し,また製品を回収することは,輸送コストの負担が大きく,また品質管理を徹底しにくいという特徴がある.しかし,取引先が合意すれば,もっとも技術水準が高く,品質管理のすぐれている企業も選択可能であるが,輸送費のみならず,製造コストが高位になりやすいであろう.

　一般的に,大きな設備投資の要らない品目では,産地段階で投資するのが普通であり,投資額が多くなると補助金が活用されやすかった.技術移転や販売数量の増大は,自前の工場投資の誘引になる.もう1つの誘因は,地域ブランドの戦略であり,原産地としてのブランド管理の進展は,委託や自社の選択にかかわらず,供給地域が限定的になりやすい.

(3) バリューチェーンとサプライチェーンの統合化

　生産～消費までの最適なチェーンの構築には,サプライチェーンとバリューチェーンをという2つの側面から分析するのが分かりやすい.そもそもチェーンの構築を競争力の強化につなげるには,一方だけでは限界があり,効率性と価値提案という視点を統合することが必要になる.一般的には,統合化の概念は所有に限定されたインテグレーションの概念よりも広く,契約やコーディネーションを含んでいる.この2つのチェーンは統合化が進展すると融合化される.たとえば,ブランド管理が産地と実需者・消費者の間で進展して,十分な価値提案が原価を踏まえて消費者との価格形成までなされ,また「見える化」の進展,流通段階の短縮や流通機能の産地への移転などの効率性とリンクすることになると融合化が進展してくる.しばしば,バリューチェーンでは,ブランド認知度やコミュニケーションの進展によって差別化され,経済主体間で利益配分がなされて価格優位性が実現されると,効率性の追求が遅れがちになる.そして,最終的にはブランド品の生協や流通事業体への直売という戦略もとれるが,消費者と産地との交流,消費者への企画提案力が条件となる.

　フードシステムの視点ではサプライチェーンとバリューチェーンを経済主体がどのような統合化戦略をもって垂直的に関係性を再編し,システムに参加した経済主体を統御し,いかに成果を配分するかが課題となる.情報の共有化やトレーサビリティはチェーン構築の初期条件であり,サプライチェーンも提携による経

営資源の移動や補完という段階までは入らないと，大きな革新にはなりにくいであろう．これまで提携は取引コストの節約という論理で理解されてきたが，経済主体間の連携が深まり包括的になると，経営資源をめぐる相互依存の関係が強くなる．他方でバリューチェーンは個別的な視点が強く，消費者や実需者との価値形成やシステム内部の成果の配分に関係し，相互の提携関係がウィン・ウィンというパートナーの関係に近いかという視点から評価することになる．サプライチェーンが効率性追求であるのと比べれば，バリューチェーンは利益の配分とパートナーシップの構築であり，相互のチェーンが機能しなければフードシステムの革新につながりにくいという性格がある．

　地域で消費者までつなぐバリューチェーンの形成は，地域段階でどこまで統合化することによって付加価値をつけられるか，地域ブランドや企業ブランドでどのような管理するかが関係してくる．地域内で加工事業が集積し，さらに資材やリサイクルまで関係し，卸段階への統合や小売り支援を強めることによってバリューチェーンはさらに広がってくる．しかし，バリューチェーンは産地段階で特にブランド化した品目では，地域の加工メーカーと生産者との関係が切られやすい．かつて兵庫県丹波篠山の黒大豆は，高級品であって価格有利性の高い大消費地に流通するため市内の土産の加工メーカーは，安価な岡山県からの原料を活用した製品が多かった．

5．食料産業クラスターとしての地域の競争力の拡大

(1) 飼料産業クラスターによる集積と地域視点

　水平的には6次産業と食料産業クラスターの2つの視点が必要である．6次産業だけでは個別的にネットワークを拡大しても，地域内で集積体を創りにくくなり，しばしばネットワークは広域的になりやすい．それには，集積と地域視点という視点が必要であり，以下の3つのパターンがある．第1は，個別的には生産者の加工・販売の統合化によって6次産業を展開する経営体が集積するパターンである．静岡県の生産者は荒茶―製茶―販売を統合する法人経営は近年70法人が2倍に増加している．このようなインテグレーションは狭山茶ではむしろ2ha程度の生産経営から始まって主流となっており，販売チャネルについても直売店・テ

ナント店が主たる販路となっている．また，こんにゃくでも，荒粉から加工する技術が農業生産法人間に普及し，群馬県沼田地域を中心の増加している．このような生産―加工―販売までを統合化した経営体が，地域に集積して食料産業クラスターを形成するのがシンプルなパターンである．この6次産業のビジネスモデルは，投資額が嵩んでいるが十分な普及性があり，消費地・観光地に近い多くの産地では，同じ戦略が取られやすい．特に，技術と品質水準は地域ブランド管理が進展することによって優位性を確保することができるであろう．さらに，長野県飯田地域の干し柿も本来生産者が加工して，農協や流通業者が販売を担ってきたが，多くの法人経営等が加工―販売の統合化を進展させ，農協も生産―加工の6次産業化を戦略とするようになった．

　第2は，生産者が生産と1次加工を担い，また食品企業が2次加工や販売を担い，食品企業が集積するパターンである．この典型が和歌山県南高梅の梅干しが代表的である．限られた地域内で食品・関連企業が集積し，バリューチェーンの関係を構築する経済効果は極めて高い．水産物ではこのような集積体を構築することは可能であるが，漁協と加工業者との分業関係と利害関係が強く，戦略的な提携やバリューチェーンの形成まで発展しにくい性格がある．

　第3は，食品・関連企業が生産を統合して集積する場合であり，第1と第2の中間形態でのパターンである．たとえば，十勝地域のナチュラルチーズの生産者の半分は酪農家であり，生産―加工の統合化が進展し，また販売はLLP（有限責任事業組合）を設立して広域的販売を展開している．また，ワインでは，小規模生産者ではワイナリー，観光農園，レストランの3部門を統合化し，1～2ha程度の直営農場での最少規模のワイナリーは成立する．中規模のワイナリーでは，直営農場で高品質の原料を供給し，それ以外は契約生産や市場から調達する．このパターンは地域内で生産者の統合化と同時並行的に食品・関連企業の農業参入が進展してくることから，増加するであろう．

(2) 個別とネットワークの視点からの食料産業クラスターの形成

　個別企業が核になって生産者のネットワークや地域の加工・販売と結合したシステムが構築されるようになった．たとえば，サイゼリヤ，ワタミなど外部から参入した場合には，内発性が問われるが，生産者との取引条件はパートナーシップ

の関係と競争が盛り込まれている．地域内の食品・関連企業が生産法人の育成や直売所・レストラン等の設置などによって6次産業化するケースもみられる．このような特定の食品・関連企業のネットワーク形成は，担い手のいない山間地でみられ，加工・レストラン事業は雇用の拡大への貢献が大きくなる．

地域において特定の食品・関連企業がネットワークを形成するのに対して，農協・漁協は単独で加工場・直売所・交流施設を統合化しやすく，また直売所の複数化やレストランの併設など川下の事業拡大がしやすい．直売所・レストラン・交流施設を統合化する農協があり，この場合は地域外にも出店している．特に，農協・漁協では地域ブランドの管理主体ともなりやすく，地域ブランドの確立によってバリューチェーンが形成させやすくなる．また，漁協によっては自前の加工場だけでなく，原料の地域の加工業者への供給や販売などによって食料産業クラスターを形成しているケースもみられる．

6．地域ブランドの戦略と管理（斎藤, 2008, 2011）

(1) マーケティング活動と階層化

これまでの農協共販が外観重視の品質管理とプール計算に依存してきた経緯から，差別化を志向する生産者は，農協共販から離脱しやすくなった．しかし，農協がブランド階層化でブランド管理を強化すことは，このような生産者にインセンティブを与えて農協内にとどめてことが可能である．産地の販売戦略としては，これまでの画一的な販売をブランド階層化し，製品としてのポジショニングをしやすくし，品質管理への生産者の努力に対してインセンティブを与えることが必要である．どの程度のブランド階層の形成が必要となるかについては，実需者・消費者の購買力に関係する．量販店では，消費者の多様なニーズに対応して価格帯を拡大する展開をとってきたことから，品目にもよるが小売店頭価格で，しばしば2－3倍以上の格差があり，それに対応して産地からの調達価格も格差がついていた．つまり，小売店頭価格の格差が大きくなるほど，ブランド階層は増加することになる．

以上のように，ブランド階層は，階層ごとに販売チャネルが異なり，トップブランドから取引先が固定化し，百貨店のギフト，通販，果実専門店になり，さらに量

販店などのギフトとして取引され，契約価格であることから収益性は安定的である．このようにレギュラーでの販売を除き，産地段階での販売チャネル管理が進展することは，ブランド管理能力を向上させることになり，さらに実需者から消費者に接近するために，指定店制度やクレーム処理を産地サイドで対応するようになってきた．

　ブランド階層とポジショニングとの関係をみると，まず生食用と加工用で市場が分割され，加工用であっても，高級品が生産されると，原料として利用される．ブランド階層の上位から取引先が固定されることは，関係性マーケティングが展開しやすくなる．しかし，すべてが品質基準を上回るわけではなく，どの水準にもっていくかの課題がある．多くの産地では，ブランドの最低品質基準を地域のブランド協議会等の合意をえて，設定することが検討されることになる．

（2）底上げと加工品への拡大 — ブランド増殖の可能性

　産地のブランド評価が高まるにつれて，下級品を同じ販売チャネルで販売することはブランドイメージを低下させる可能性があるため，加工原料用としての販売チャネルを持つことになる．加工用は，地域の食品企業との連携によって原料供給をすることになるが，独自の販売チャネルをもっていれば，産地が委託生産によって最終製品の販売に関係し，独自で加工施設を設置することになる．こうしたことから産地では生食用と加工用と両方のブランド化が可能となる．このことをブランド増殖と説明され，同一品目であれば，関連効果が期待できる．

　原料と製品の両方をブランド化する戦略は，神戸牛や清酒などの分野でみられるが，加工品では今後増加することが予想される．ただし，参加する食品企業・農業生産法人が自らの企業ブランドで販売するか，地域ブランドを活用するかである．この場合には，地域ブランドと企業ブランドのイメージや品質管理水準に規定させるであろう．多くの小規模企業は集積のメリットを地域ブランドの品質水準の向上に期待するのに対して，規模が大きく企業ほど企業ブランドとしてのイメージが形成されていることから，地域ブランドとして採用する製品数は限定されるであろう．ただし，加工品のブランド管理主体が生鮮品と異なる場合には，認証システムも異なることが想定されるので，調整しにくい課題を含んでいる．

果実の産地によっては，全体的に高品質化することによって産地で10％程度が地域資源として有効に活用されないケースもみられ，ジュース，ペーストなどの一次加工品を産地で確保するようになった．加工品でのブランド化は原料価格の引き上げにも貢献し，生鮮品と加工品の両面でのブランド管理が進展するであろう．この加工品でも南高梅の梅酢のように機能性の高い製品開発が展開すれば，産業廃棄物であっても高付加価値製品に転換するであろう．

　産地が生産だけでなく，加工部門を統合化することでブランド増殖を図ることになる．生鮮品でブランド化した産地が加工原料用としてメーカーに供給し，加工メーカーの製品開発にどこまで関与できるかという課題がある．たとえば，夕張メロンでは，メーカーの製品がブランドイメージにフィットしない場合には，メーカーへの原料供給を控える方法をとっている．このような原料供給へのこだわりは，生鮮品のブランド化についての消費者の認知度の高さに支えられているといえよう．

(3) 知 的 財 産 管 理

　国の試験研究機関では，登録された新品種の利用は特定地域に限定されないために，食味や機能性の高い品種は普及性が著しくなる．また，特に機能性が重視されると，開発段階から実需者である企業と試験研究機関との連携が強まり，製品開発と普及のスピードが速まっている．新製品の普及を拡大し，さらに新たな産業育成まで展開するには，公的セクターのコンソーシアムの形成も課題となってくる．

　育成者権や商標権を活用した知的財産を活用し，海外市場での輸出や販売と結合させる戦略を我が国ではあまり検討されていないことである．知的財産管理とマーケティングについては，オーストラリアのピンクレディやニージーランドのデスプリが代表的存在であり，販売管理までの統合することによって販売額から20％程度を新製品開発や販売活動に投資していることである．我が国では，県の試験研究機関であることもあって許諾料（ロイヤルティ）が低位にあり，さらにこの許諾料が新製品開発と必ずしもリンクしていないことである．

7. プラットフォームの形成の必要性と ネットワークにおける役割

　第1の論点は,食料産業クラスターを地域再生とつなぐ基本的視点として,プラットフォームの論理が必要になることである.これまでの研究では,製品開発のスピードを速めるためにコンソーシアムが組織化された.また,ナレッジを蓄積するために暗黙知から形式知への移行が加わった.このクラスターを構成する経済主体間の関係はプラットフォームの形成によって「創発」的になることが必要であり,取引よりもコミュニケーションから始めなければならない.このプラットフォームは地域内からの多くの経済主体,自治体,NPO などより構成されるが,それぞれの役割配分をどうするかが問題となる.ここでの自治体等は公的セクターの役割として補助金の申請や獲得よりは戦略構築を誘導し,事業による参加者のインセンティブをどのように引き出すかという課題を抱えている.

　農業農村の資源ベースからの接近では,プラットフォームの設定が必要であるが,國領等の研究者の接近からすると,プラットフォームの変数は,コミュニケーションパターンの設計,役割の設計,インセンティブ設計,信頼形成メカニズム,参加者の内部変化のマネジメントの5つになる(國領二郎,2011).しかし,農業・農村サイドに立地するプラットフォームの特徴として,社会的企業としての性格を持たざるを得ない事業をとる場合が多く,企業の経済目的に社会的目的を組み込んだ行動様式がとられやすくなる.このことからプラットフォームの主催者は,自治体,協同組合(JA)やNPO 等の公的セクターになりやすいであろう.特に中山間地域などでは農業生産法人やJA の経済活動が縮小しており,新たなイノベーションによっても大きな収益事業を構築しにくいであろう.したがって,地域資源の立地配置や地域の戦略によっては,企業がプラットフォームに入って,取り組み事業は社会的企業としての行動をとることを条件づけられる可能性がある.また,このような社会的な背景からプラットフォームに参加するハードルは低くなり,多様な経営主体が加わる可能性があり,各主体の利害を調整して誘導する必要がある.しかし,そもそも経済活動が不活発である中山間地域では,経済主体が限定され,2-3 の企業が事業を多角化して特定企業の経営戦略が地域に及

ぼすインパクトが強くなるであろう．さらに経済的な活動力が低下した山間地域では，自治体やJAなどの非営利セクターが雇用と所得の拡大を最終目的にしたビジネスを展開するであろう．参加者が少数であり，また公的セクターの役割が強くなるとインセンティブ設計，信頼形成メカニズムは機能しやすくなるが，農業者や住民とのコミュニケーションは不十分となる可能性がある．そして社会的企業としてのビジネスの展開を図るには，参加する経済主体の意識の変化や内部組織の改革を促すことになる．この社会的企業としての取り組みは，環境や資源循環，高齢化に対応した福祉事業，耕作放棄地の活用，多様な担い手育成など多様であろう．かつて山口県のA企業は，人事以外はオープンであり，地域の問題を解決することがビジネスの一つであった．プラットフォームが進化するにつれて，たとえば生産者と食品企業者との利害調整として取引価格を相互に調整して両者の利害調整に貢献している．

　第2の論点としてプラットフォームにおける知識の蓄積から価値提案，さらに所得の拡大へのプロセスとしての戦略である．ここでの経済主体間の知識の蓄積と学習効果はイノベーションの普及を促進することになるが，食料産業クラスターやそのプラットフォームの性格から，知識から価値提案，さらに雇用と所得の拡大につながることが必要である．特に，価値提案は付加価値をできるだけ地域に残すためのバリューチェーンの構築，また消費者までの認知度と信頼性を確保するための地域ブランドの確立必要になる．さらに，雇用と所得の拡大は，事業展開によって発生し，プラットフォーム内でのネットワークや連携による事業拡大の方式をとるか，それぞれの経済主体が統合化の戦略をとるかどうかによって経済効果やその波及は異なってくるが，初期段階では多額の投資額を伴わないで短期的に成長しやすい連携による戦略がとられやすい．地域外でのネットワークと連携は川下の企業との関係で発生しやすく，チェーンの構築するにあたって加工場をできるだけ地域内に集積することで，雇用と所得の拡大につなげようとするであろう．

　企業間のネットワークが進展したとして情報の共有化から戦略的提携へ，さらにコアコンピタンスまで相互に活用するようになれば，ネットワークが一つの経営体に近づくことになるが，戦略的な提携にとどまり，付加価値やブランド力を

強化すべきであろう（森嶋, 2012）．

　第3の論点として，イノベーションの波及をどこまでみるかについては，食料産業クラスターの特異性の一つとして価値提案から事業戦略を構築するにあたって，新しい産業への転換として地域内のシステムの転換と伴う可能性がある．たとえば，特定産業のクラスターの中に，6次産業化を志向する生産者が増加すれば，バリューチェーンの構造が変化し所得形成や配分に影響するであろう．また，クラスター全体が新製品を核にした新たな産業に転換する場合も同様であるが，地域の競争力を維持し，拡大するという視点からは，新産業に早い段階で移行することが課題となる．このような転換も食料産業クラスターではイノベーションに含むべきであり，先端産業がイノベーションを開発段階で終わらせてしまうのとは性格をことにする．一般の工業製品でも，バイオや情報産業のような最先端技術を核としない産業では，新産業へと転換，6次産業への転換などによる競争力の維持・拡大というイノベーションが重要な戦略となるであろう．このような転換が遅れたクラスターは経済主体の異質化が発生し，ネットワークを強めて集積することによる競争力の維持を図るべきであろう．食料産業クラスター内における6次産業化は，加工事業だけでなく，販売やレストランのサービス産業の領域での付加価値形成が強まってくるであろう．

　以上ように食料産業クラスターは，産業クラスターと異なってプラットフォームの形成や運営，さらにイノベーションの広がりまで配慮したクラスター内部の転換と競争力の維持・拡大を図るべきであろう．また，価値提案は消費者の信頼性を構築するための地域ブランドの形成がまず必要であり，さらに実需者までのバリューチェーンを地域内でどこまで内部化できるかによって地域資源の活用と所得の拡大の可能性が規定されるであろう．特に，地域ブランドについては，食料産業クラスター内では，中小零細企業や6次産業を担う生産者の企業ブランドとの併存が常態であり，地域ブランドが競争力を拡大するには，地域ブランドの品質水準やブランドイメージの向上が必要になるであろう．

　第4の論点としてプラットフォームとコンソーシアムの関係である（斎藤・金山, 2013）．コンソーシアムも初期はプラットフォームとしての性格を併せ持っている場合もあるが，次第に参加する企業の製品開発の戦略に組み込まれる可能

性が高い．プラットフォームには共有化すべき知識の蓄積が基盤となっており，この性格が失われ，特定の製品開発のクローズなコンソーシアムに組み込まれることは社会的損失になる．本来，コンソーシアムの主催者は参加メンバーを増加させ，多くのコンソーシアムを組織することによってイノベーションを加速することは，クラスターとしての成果を向上させることになる．また，参加する企業は社会的企業として認識が必要であり，主催者もそのためのプラットフォームの役割を参加者の認知させる必要もある．特に国や県等の研究機関では企業との共同研究にはこのような課題を内包している．本来，コンソーシアムは製品開発の期限を限定した目的を持ち，その目的が特許や商標の取得によって終了するとともに役割がなくなってくる．それに対して，プラットフォームに蓄積された知識は継続し，暗黙知を醸成しつづけることになる．

8. 結　び

　6次産業化による経営の革新というイノベーションは実需者となる食品事業者との連携と消費者までのバリューチェーンという第2，第3のイノベーションと連動する．この2つのイノベーションは，実需者や消費者をつなぎ，価値を提案することである．これまでの食品メーカー―卸売―小売の関係は，バリューチェーンよりもサプライチェーンで効率化を追求するケースが多い．しかし，6次産業化は部門によって加工場設置のための投資額の多さや技術水準の高さのために，まず取引先等との連携によって技術の移転や管理能力の向上を図るべきである．特に，バリューチェーンを川中・川下，さらに消費段階までつなげるには，地域ブランドを活用し，また営業活動を加えた小売や支援活動によって提案力を強めることが必要になる．

　6次産業化をめぐるビジネスモデルは，生産者が川中・川下の統合化によって所得を拡大し，また地域でプラットフォームの構築や食料産業クラスターの形成によってイノベーションを持続させるまでを含んでおり，農業・農村の革新への期待がもたれている．また，チェーンの構築は食品関連企業との関係性の深化によって産地への技術移転や連携による投資戦略に関係し，また実需者・消費者までのチェーンの構築は効率性とパートナーシップによる利益配分においても産地サ

イドのメリットが拡大するであろう

引用文献

斎藤　修　1999．フードシステムの革新と企業行動, 農林統計協会
斎藤　修　2001．食品産業と農業の提携条件, 農林統計協会
斎藤　修　2007．食品産業クラスターと地域ブランド, 農文協
斎藤　修 編　2008．地域ブランドの戦略と管理, 農文協
斎藤　修　2011．農商工連携の戦略, 農文協
國領二郎・プラットフォームデザインラボ 編　2011, 創発経営のプラットフォーム, 日本経済新聞社
斎藤　修　2012．地域再生とフードシステム, 農林統計出版
森嶋輝也　2012．食料産業クラスターとネットワーク構造分析, 農林統計協会
斎藤　修・金山紀久 編　2013．十勝型フードシステムの構築, 農林統計出版

第2章
果物の六次産業化のビジネスモデルを考える

小川一紀

農研機構　果樹研究所

1. はじめに

　日本の果実生産量は，統計データが利用できる1960年代以降をみると，高度経済成長期と重なるように急増し，1970年代前半にはおおよそ700万トンに達している（図2.1）．しかし，1980年代後半に入ると国内生産量は減少傾向に転じ，近年では1960年頃の水準である300万トン前後の生産量になっている．果実の国内生産量は減少しているが，この半世紀，日本における果実の供給量は800万トン前後で推移し，供給量はほぼ一定である．すなわち，果実輸入量が増加しているためで，輸入枠撤廃，税率の段階的引下げが行われた1990年以降，果実輸入量は増加した．このように，果実においても自給率は大きく低下している．ところで果実輸入量には，青果だけではなく，果汁などの加工品も青果に換算した量として含まれており，輸入果実の半分程度（試算）は果汁と考えられる．現在，日本人の平均果物摂取量は1日あたり100g強にしかすぎず，その半分近くは果汁ということになる．果汁は，果皮を剥く手間がなく，生ゴミも出ない．飲むという手軽さと保存性，価格も手頃であったため消費が伸びたものと考えられる．ただ，輸入果汁量はこの10年大きく変化する傾向が見られない．輸入果汁の価格，果汁の国内需要などの変動の影響を受けているためと考えられる．

　果実生産量の減少からわかるように，果樹栽培農家は，2000年から2010年の間に33万戸から25万戸に減少している．ところで，果樹農家（主業・単一）の総

図2.1 国内の果実需給

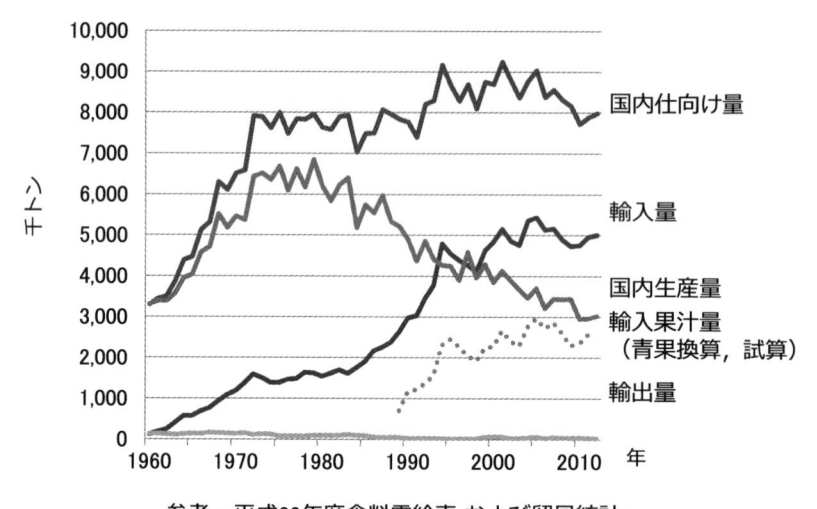

参考：平成23年度食料需給表 および貿易統計

所得は, 樹種や栽培面積により異なるが, 平均 600 万円（2003 年）で, 作物別で見た場合最も低い水準になっている. このような状況下, おそらく経営の改善に結びつけるために, 加工や販売に取り組む果樹農家は増えており, 農産品加工農家は 0.9 万戸から 1.3 万戸, 直販農家は 3.2 万戸から 7.8 万戸となっている. 観光農園については微増で 0.6 万戸から 0.7 万戸になっている.

近年, 農業の六次産業化（以降 6 次産業化）という言葉が広まっている. 今村奈良臣 氏が 1990 年代中頃に提唱した「農業が 1 次産業のみにとどまるのではなく, 2 次産業や 3 次産業にまで踏み込むことで農業に新たな価値を呼び込み, お年寄りや女性にも新たな就業機会を自ら創りだす事業と活動」における 1 次×2 次×3 次＝6 次という標語に端を発している. 農家が出荷できない農産物を加工し付加価値を付けるという, 1.5 次と称される取り組みは以前よりあった. ただ, どのように売るかという観点はあまり強調されてこなかった. 近年, 規模は小さいがアグリビジネスとして果樹農家が 6 次産業化に取り組む例が増えている. そこで, 果物を利用した 6 次産業化の可能性, ビジネスモデルの類型化について考えてみる. また, 機能性を活用した 6 次産業化の可能性についても述べる.

2. 果物の青果流通と加工

　農家が生産した生産物は，JA などの集出荷団体，卸売，仲卸，小売店を経て消費者に届く．このような出荷システムは，大量消費地に生鮮物を提供するシステムとして機能してきた．しかし，流通過程で種々の経費が加算されて行き，青果物平均の場合，生産者が受け取る金額は，小売価格を 100 % とした場合，約 40 % となっている（図 2.2）．このような市場流通ではなく，農家が自ら生産物を販売すれば，出荷後の流通経費の一部が収益になると考えられるため，直販に取り組む例が増えている．またこのような直販の場所を提供するビジネスも盛んになってきている．果物の場合は，インターネット通販なども広がりを見せている．近年は，大規模小売業や外食産業においても JA などが仲介し，卸売市場を経由しない取引も増えている．

　中世・近世の農産物の流通をみると，大消費地（江戸，大阪など）には市場（やっちゃ場，競り市場）があり，現在のような卸売市場ができていた．また，近郊に

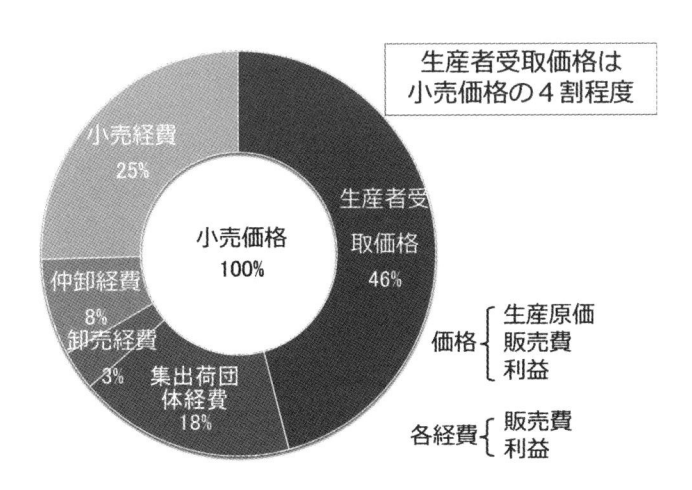

参考：平成22年度食品流通段階別価格形成調査報告
（青果物経費調査及び水産物経費調査）

図 2.2　青果物の流通段階別価格

産地が形成されていた．生鮮物は，店売りの他に，行商人（棒手売，連雀商人，背負商人，菜売）により売られた．また，果物の流通に関しては，江戸神田には水菓子（果物）問屋があり，紀州など西日本からはコミカンが，甲州や駿州からブドウが運ばれていた．江戸時代には専業の仕入れ問屋もあり，産地での直接買い付けが行われた一方，産地には取引を有利に運ぶための出荷組合のような組織もできていた．このように，江戸時代には現在のような流通における分業が進んでいた．ところで水菓子とも言われる果物を嗜好品ととらえる人もいるが，菓は果実を意味しており，そもそもは今で言う菓子のような意味ではなかったと思われる．農家の住居の周囲には，カキ，モモ，スモモ，ビワ，ナシ，イチジクなどが植えられており，江戸時代まで農民にとって，果物は米の代用となる重要な食料であった．鹿児島では，干し柿は3ヶ月の飯米と言われた．渋柿や梅などそのままでは食べることが難しい果実は，干したり塩漬けにしたりして，干し柿や梅干とし，可食とすると同時に保存性が高められた．このような加工品は，自家用だけではなく一部は換金され，農家は収入を得ていたと考えられる．このように，1.5次的産業は昔からあったといえる．

現在は江戸時代とは比べ物にならないほどフードシステムが大きくなり，2005年（平成17年）の輸入品を含めた食用農水産物額は10.6兆円で，加工，流通，サービスなどを経た飲食料の最終消費額は73.6兆円になっている（農林水産基本データ集）．最終消費額の内訳は，生鮮品などで13.5兆円，食品製造業を経た加工品で39.1兆円，外食産業で20.9兆円となっている．原料となる農水産物は，加工やサービスにより大きな付加価値がつくことになる．果樹農業においては，果実産出額7,500億円で，果実加工関連産業の出荷額は5,000億円程度と見積もられる（平成22年度農林水産統計，平成22年工業統計調査）．果汁の市場流通分は輸入36.7万トン，国内産3.2万トン程度で，輸入価格（184円/kg）と国産原料費（輸入品の2〜3倍）から試算すると，果汁原料購入額は850億円となるので，果実においても加工による付加価値が認められる．消費者世帯の食料種類別の月支出額について，1990年（平成2年）から2011年（平成23年）の変化をみると（図2.3），生鮮食品が大きく減少している．加工食品は減少傾向にあったが2005年から2011年にかけて減少傾向は止まっている．調理食品や飲料・酒類は若干増

加しており，加工食品，調理食品，飲料・酒類をあわせると著しい減少はみられない．供給者は，生鮮品の加工品により最終消費額の増加がみこめるが，消費者は，加工食品への支出を減らしている．果実の場合，国内の消費量は1970年代から大きく変化していないので，日本人のもつ本質的な果実消費量ととらえると，国内生産量が減少すれば，輸入品は増加し，その中で加工品の比率も増加することが予想される．果樹農業においては生産に注力し，生産物を出荷団体に任せた方が量によるメリットから取引価格は高いと考えられる．

　特にブランド産地にとっては有利と考えられる．ウンシュウミカン産地が増え過剰生産であった時代には，価格安定のために搾汁原料として出荷調整され，搾汁工場も産地で稼動していた．また加工向原料の価格保障制度もあり，加工用の比率の高い産地から一定量の原料が確保されていた．制度が廃止された現在，それらの産地も消滅しつつあり，搾汁工場も整理統合されている．国内果実生産が減少し加工用仕向け量も減少することを考えると，国産果実加工品の存続は，ナショナルブランドだけではなく，6次産業化の関与が必要と考えられる．その場合，基本的には，高品質の果実の生果販売で収益を上げ，裾ものを加工に利用するこ

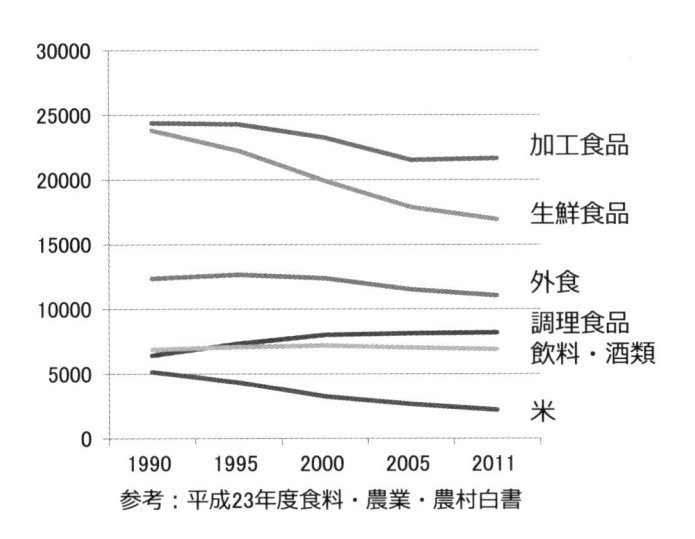

参考：平成23年度食料・農業・農村白書

図2.3　消費者世帯の飲食料別支出

とになるが，裾ものも利用して付加価値をもった加工品ができる場合，それだけでは加工品製造が不安定になるので，青果販売と加工仕向けの割合の調整が必要となる．果物を利用し容易に着手できる加工品には，果汁やジャム類などがあるが，だれでも考えることであり，競合がおきる．生産者が加工品を製造し，加工品市場で収益を上げるためには，加工品の種類，特徴，品質確保，生産量に見合った販路の確保など，計画性を立てた上で取り組まないと成功は難しいといえる．

3. 6次産業化法

いわゆる6次産業化法は，農業の異なる分野への取り組みを推進しようとするもので，「地域資源を活用した農林漁業者などによる新事業の創出などに関する施策および地域の農林水産物の利用の促進に関する施策を総合的に推進することにより，農林漁業などの振興などを図るとともに，食料自給率の向上などに寄与すること」を目的とする法律として公布（2010年12月3日）されている．最終的な目的は，農林漁業の振興と食料自給率向上にあり，その実践には以下の3形態が想定されている（表2.1）．

まず，1) 農家が生産・加工・流通を一体化することで，より安定した収入基盤を作り，再生産可能な家族農業を維持発展させる取り組みで，最も原理的，草の根的な考え方といえる．「よいもの」を生産する必要があるがそれだけではなく「どのように売る」かが重要になる．

次に，2) 農商工連携といわれる，農林漁業者と2次・3次産業の連携によるもので，マッチングと連携が継続すれば効率的な方法と考えられる．地域の業者が連携して取り組むことで，ビジネスだけでなく地域の活性化への貢献が期待される．農商工

表2.1 6次産業化におけるアプローチ

農林漁業者が生産・加工・流通を一体化
より安定した農家の収入基盤
再生産可能な家族農業を維持発展
6次産業化の原点，小規模
農林漁業者と二次・三次産業の連携
農商工のマッチング
連携が継続すれば地域活性化
二者だけでも成立，中規模
二次・三次産業による農林漁業への参入
実需者が主体，比較的大規模

連携は, 既存の農産加工, 食品メーカーと競合する可能性がある. また, 農商工のバランス, 主体が誰になるかで, 農業が従属的となる可能性もある. 有効な連携が必要であり, そのためには価値のある農産物を提供するなど生産者としての戦略も重要となる. 最後が, 3) 農林漁業への2次・3次産業による参入で, 事業規模としては最も大きくなる可能性がある. 流通関係の実需者が主体となると考えられる. ただ, 果樹は永年性作物で, 野菜のような新規の参入は難しいと考えられる. 以後の議論では, 1) と 2) を対象にしたい.

4. 果物の原料としての特徴

果物のほとんどの種類は, 生でも食べることができる. この点が, 加工を必須とするイモ類, 穀物, 茶などとの違いといえる. また, 果物の場合, 品質が良ければ青果で販売した方が有利で, 加工には余剰, 出荷調整, 規格外となった果実を利用することがほとんどである. ただし, 高品質（味と外観）を目指すと, 栽培上の労力が大きくなる. 加工業者に果実を出荷する場合, 余剰, 出荷調製, 規格外などで市場出荷しない果物を利用することがほとんどで, 業者への販売価格は高くはない. また, 果物の種類によりと生食用と加工用の価格差は異なり, ウンシュウミカンでは加工用は生食用の 1/10 以下という場合もあるが, ブドウではワイン専用品種もあるため 1/3 程度にとどまる場合がある. ウンシュウミカンのように, 加工仕向け用の価格が低い原料を自ら加工すれば, 販売するより収益を上げられると考えられるわけであるが, 加工用果物でも風味など品質が重要で, これが悪ければ加工品の品質も悪くなる. 自家生産物を用いた少量生産の場合, 濃縮果汁にして保存することはない. このため濃縮果汁に水を加え一定の糖度に維持することや, 異なるロットをブレンドして品質の一定化を図ることは望めない. したがって少量生産では, 原料には高品位の果実を利用する必要性が高まり, それが特徴ともなる. また, 一般的には生食用販売の残りを加工用に仕向けることになるが, 最少製造量や欠品の回避, 収益を考えて加工仕向け量を決定する必要がある.

果物として生食することはほとんどなく加工専用と見なせる果実として, ウメ, 渋ガキ, クリ, 香酸カンキツなどがあげられる. 伝統的な加工品が存在し, ウメは梅干しなど, 渋ガキは干し柿とすることで食用となる. クリも甘露煮や和菓子・

洋菓子の原料にする．香酸カンキツは，酸が高く甘くないため生食に向かない品種で，各地で酢として利用されていたと考えられ，地域農産物として残っていることが多い．一定の生産量を確保できれば，原料の特徴，栽培法，地域の特殊性，機能性，ストーリー性を付加することで，特産加工品として成立しやすく，いくつかの実践例が見られる．

5. ビジネスの仕方

　ビジネスの根本は，価値の移転とその対価にあると考えられる．農業者が提供する価値を消費者が受取り，その対価を払うことになる（図 2.4）．価値の種類や提供方法でバリエーションができることになる．対価は，通常金銭であるが，消費者からの情報なども重要な対価となるかもしれない．消費者が受け取る価値には，たとえば果物という実体の他に，満足感という無形のものもあるかもしれない．価値を創りだすために要したコストよりも対価の方が多く利益を生まなければならない．また，企業では経営理念を掲げ，これをもとに事業を行うことが多い．この理念が時代に合っているか，また実践されているかも重要になる．農家が取り組む 6 次産業化でも，目的・目標がなく，とりあえず作って売っている状態では，永続した取り組みにはならないと考える．また，複数の生産者で事業を行うのであれば，理念をよりどころに結束が高まると考えられる．

　果樹農家がどのような価値を提供できるか，対価をどのように受け取るかでビジネスモデルの類型化ができる（図 2.5）．まず，果樹農家が提供する価値として，特別な原料，他にはない加工品，特定の地域・小売店での販売など，ナショナルブランドとは異なるものを提供する必要がある．また対価としては，収益以外に，地域での就業の機会が増える可能性もある．ところで，農家にとって果物の加工は必ずしも必須で

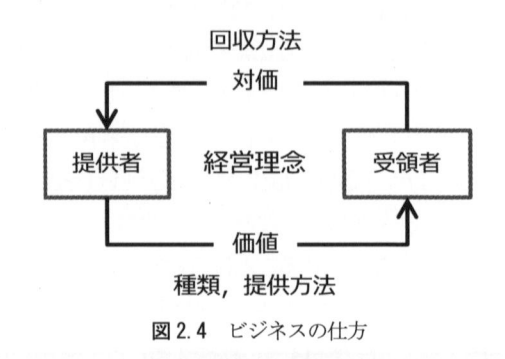

図 2.4　ビジネスの仕方

はないと考えられる．たとえば，完熟品の通販，有機栽培などの付加価値は，特定のマーケットのニーズと生産者のポリシーが一致するので一定の水準で販売できる．観光農園の経営も，立地条件や樹種により，どこでも誰でも取り組める訳ではないが，消費者からの直接の反応も得ることで経営の改善や発展につながると考える．いずれにしても，どのような生産物や加工品を，どのような消費者を対象に，どの程度の量を，どうやって販売し，どの程度収益が得られるかを判断することが必要である．

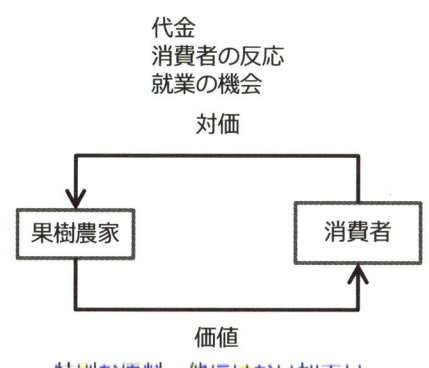

図 2.5 ビジネスの仕方（農商工連携）

　農商工連携型を考えてみると，加工するという観点のみを考えるならば農工連携でも成立する（図 2.6）．すなわち，生産物を加工したい農家，製造施設を有効利用したい加工業者がいれば成立すると考えられる．したがって，農工で連係し，販売を独自に開拓する例が多いようである．農家と加工業者はお互いに価値を提供し，対価を得ると考えられるが，農家と加工業者のどちらが販売業者と契約するのかで，農家の関与の仕方が変わることになる．普通の原料を用いて普通の加工品を作る事例も多いと考えられるが，その場合既存のナショナルブランドと競合する場合もある．販売の仕方が重要になることから，地域の商工業者が連係し，地域として独自ブランドを立ち上げるなど，商の役割が大きくなる．地域の製造業者で独自の技術を持つ場合，地域素材を活用した加工品や副産物利用への応用を考え，地域産原料の安定供給が必要になる場合がある．たとえば，地域産品の機能性が産学の連携で明らかになった場合には，農が素材を提供する側にまわる．農商工連携の場合，各業がどのように関与するかによって，農が従属的になる場合もあり，契約的な面からの見極めも必要となる．

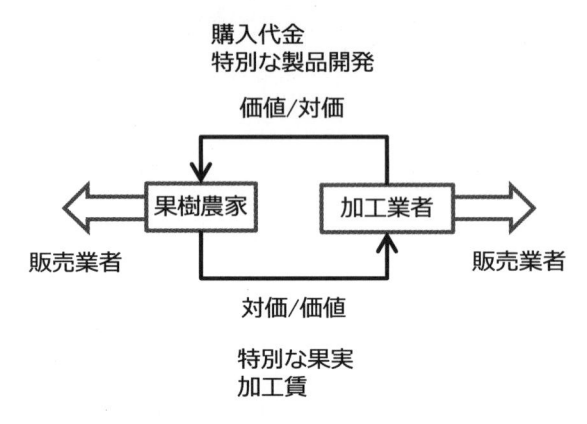

図 2.6　ビジネスの仕方（農商工連携）

6．価値の提供：果物の加工と利用法

　果物は，元来生食で食べることが基本であるが，一部菓子や料理素材として利用され，また塩漬けや乾燥による保存食品，ワインのような醸造に供され，加熱殺菌技術の発展により生まれた加工品がある（表 2.2）．加熱殺菌技術による果汁の保存は，オレンジやリンゴなどの大量生産に結びついている．缶詰，ジャム，マーマレードなどは，砂糖を加えることで保存性を高めている．果汁は搾汁して得られた果汁を加糖などせずに使用するため（ジュースは果汁 100 ％で加糖などされていないものをさす），果物の本質に近いが，濃縮果汁製造時の加熱処理や，製品の加熱殺菌により新鮮さは消失してしまう．また，通常，加工工程でフィルターにより搾汁時の組織断片を除くため，食物繊維が除かれ，また同時にビタミン類などの栄養成分やいわゆる機能性成分も減少してしまう．缶詰は，シロップ漬けにされるので，元の形を残してはいるものの生果のもつ特徴の多くは消失してしまう．果汁に類する加工法として果実の可食部を丸ごと粉砕し，そのまま，あるいは容器に滅菌充填したスムージーが注目されている．果汁とは異なる食感で，食物繊維や成分の消失も少ない点をアピールできる．直販所や観光農園では，収穫したての果実や，外観の問題で出荷できない果実などを利用し，その場で処理して提供すれば，収穫物を有効に利用できる．ドライフルーツは，ブドウ（レーズン），

表 2.2　果物の加工と利用の例と課題

分類	例	課題
加工品	果汁，缶詰，ジャム，マーマレード，塩漬け（梅干）	保存性，殺菌加熱処理による新鮮さの消失
	ドライフルーツ，スムージー，カットフルーツ	果物の特徴を残した処理，手軽さ
アルコール飲料	ワイン，果実酒，シードル，混成酒（リキュールなど）	酒税法
菓子材料	焼き果物，コンポート，ケーキ，プリン，パイ，シャーベット，ゼリー	副素材的な利用が多い
料理材料	揚げ物（イチジクなど），炒め物（パイナップル），サラダ，スープ，漬け物（ナシ），調味料（ポン酢，チャツネ，ソース），酢漬け	利用例の少なさ

イチジク，プルーン，カキなどを乾燥したものが一般的であるが，近年多様な果物がドライフルーツとして商品化されている．塩漬けはウメが代表的原料であるが，他の果実への応用も考えてみたい．近年手軽に果物を食べたいと考える消費者に，カットフルーツが浸透しつつある．皮をむく手間，果実1個は多すぎる，いろいろな果物を食べたいなどといった要望にそったものである．加工専用であれば可食部に影響を与えなければ，外観の良否は無視できるので，栽培管理において省力化も可能である．また品種の特性として外観が良くないため，栽培が増えない品種でも，可食部の風味が優れていれば，カットフルーツとして利用可能である．このような品種の例として，かんきつ中間母本農6号があげられる．

　この品種は，機能性成分を多く含む品種として育成されたが，小玉で果皮が剥きにくい特徴のため，品種改良の母本として登録された．しかし，果肉の風味は良好で，省力栽培と組み合わせた加工用品種としての利用が検討されている．カットフルーツは今後期待される商品と考えられるが，皮むきの省力化の検討，加工時や流通時の衛生管理に留意が必要である．ドライフルーツ製造では，果皮があると乾燥しにくいので，丸ごとであれば剥皮あるいはアルカリによる果皮表面処理後，あるいはカットした果実を乾燥させている．

　アルカリや刃物を使わずに食品添加物の界面活性剤で表皮表面処理を行い微生

物由来の酵素処理により果皮を剥がす方法が開発されている．この方法はカットフルーツ製造の際にも利用できる．また，これまでのドライフルーツ製品より水分含量が多いソフトタイプがヨーロッパで注目されている．添加物や着色料などを使用し鮮やかに見せている輸入製品もあるが，6次産業化を目指す場合には，無添加・無着色が望ましいであろう．アルコール飲料としては，ワイン，果実酒，シードル，リキュール（梅酒）がある．ワインの自家製造は，酒税法によりハードルが高い．そのため，地元に醸造所があれば連携を検討することになるが，ワインに適したブドウ品種であるかの見極めや，一定の生産量をまかなえる原料を安定的に確保できるかどうかが重要になる．地域農家の連携が視野に入る．ワインに適したブドウ品種が必要となるので．本格的なワインを目指す場合は，農商工連携などで，地域全体で考えることが重要と考えられる．たとえばレストランで地場産品を用いたメニューと組合せ，地域の象徴としてワインを利用することが考えられる．ブドウ以外の果実を利用した果実酒は，製品としての魅力，購買層について十分な検討が必要である．また，原料供給の安定性も重要である．梅酒のように果実をアルコールにつけ込んだリキュールのような混成酒に関しては，果実の風味を特徴にすることができるので，地場産品を利用した商品開発が期待できる．いずれにおいても，アルコール飲料に関しては酒税法を理解して取り組む必要がある．果物は菓子材料として使われ，焼き果物（焼きリンゴ），コンポート，ケーキ，プリン，パイ，シャーベット，ゼリーなどがあげられる．多くの取り組み例がある．果実は製品の要素の一部であることが多いため差別化しにくい商品でもあるが，レモンパイなどレモンの代わりに地場の香酸カンキツを利用すれば商品性が高まると考えられる．果物を料理材料として取り扱う例は多くないが，揚げ物（イチジク），炒め物（パイナップル），サラダ，スープ，漬け物（ナシ）などの例がある．海外では，マンゴーやパパイヤなどの未熟果実が料理素材として良く利用され，酢漬けや塩漬けなどの加工も見られる．果物の酸味を利用した調味料として，マンゴーを使用したチャツネ，酢（ポン酢），ソースなどがあげられる．このような地場の果物を利用した料理や，調味料を地元レストランや道の駅などの飲食コーナで提供あるいは販売することも考えられる．

表 2.3 加工における課題

加工場所
共同加工場
委託（地域の中小食品加工業者）
自家で加工施設整備
食品衛生法，JAS法，健康増進法
加工技術，品質，安全性
表示基準の遵守
同じような加工品のなかでの区別性
（だれが作っても同じような製品）
素材・品種の重要性
今までにない加工品
売れるパッケージ

　加工品の製造に関しては，いろいろな課題がある（表 2.3）．農家自ら加工する場合，一定の加工技術を習得し品質面での安定性を保つことに加え，微生物管理など安全に関わる食品衛生面についても十分な知識が必要である．加工品の場合には食品表示基準の遵守も必要である．コストの点から加工をどこで行うかも重要で，製造量が少なく，資本も限られる場合は共同加工場を利用し，一定の量の加工であれば委託するか自家で加工施設を整備する事になる．各地方には中小の食品加工会社が多く存在するので，双方の条件が合えば連携が合理的である．

　裾物で生食出荷できない果実ではなく，加工のための新たな素材や品種を見つけることも重要である．たとえばウンシュウミカンを未熟なうちに収穫し，青切りみかんとして香酸カンキツ果汁を作ることができる．無農薬栽培も可能であることから付加価値にもなる．青切りみかんを利用した市販商品は複数見かけることができる．加工用専用品種ではないが，果肉が赤くなる'ブラッドオレンジ'，赤色果肉のリンゴ，また加工専用の果肉が赤いウメ品種'露茜'，すでに述べた'カンキツ中間母本農 6 号'など，既存の品種とは異なる原料をいち早く用いることで，産地を確立できる可能性もある．また，現在ではあまり栽培されていない品種を改めて見直すことも重要と考えられ，たとえば，紅玉，ナツミカンなどがあげられる．海外から導入され日本ではまだ珍しい果実を産地化して利用することも考えられる．たとえば，ボイゼンベリー，ピタヤ（ドラゴンフルーツ），アセロラなどがあ

げられる．商品パッケージも，商品名を記した紙を貼っただけではなく，手作り感や素朴さを表現しながらデザイン性を十分に考え，購買者の興味をひく工夫も必要である．

7．価値の提供：サービス

　農家が収入を得る方法として，直販はこれまでもあり，この 10 年で増加している．近年は，インターネットを利用した販売も多い．また観光農園も戸数はさほど増えていないが，存続している．直販は，青果物の生産者手取りが小売価格の 4 割に過ぎないと言われることから，流通段階での経費節減で収益につながるであろうし，出荷規格に縛られないことも経営上大きいと思われる．生産者の収入を増やす手段として，6 次産業化の中では加工を必ずしも必要とするわけではない．消費者と直接関わりサービスを提供することで収入に結びつけることも可能である（表2.4）．インターネット販売や，個人あるいは道の駅のような農産物直売所での販売は，比較的容易に取り組めると考える．農産物直売所での出店では手数料や，取扱量が限られるので収益の判断が重要になる．個人の直販でもあらかじめ予約をとる，配送の人員を確保するなどして，収穫最盛期に順調に出荷できる体制を作っておく必要がある．観光農園では，一般の流通では出回らない品種も

表2.4　サービスの提供と特徴

観光農園や個人販売
流通段階での経費節減
出荷規格に縛られない
多品種栽培：一般の流通では特定品種を提供
無農薬栽培：特定の消費者に商品を提供する
販売できないものを加工する：無駄が出ない
地域活性化のなかで協調
地域滞在型施設
レストランで生産物を利用
地域における産直施設での出店や販売委託
安価な価格設定，出荷数量限定，手数料
収益は市場出荷より良いとは限らない

含めた多品種の提供，特定の消費者に商品を提供する無農薬栽培，販売できないものをフレッシュジュースなど簡単な加工を加え提供することで無駄を出さずに集客に結びつけるなど，種々の取り組みができる．また，複数の観光農園が協調して地域活性化をはかることもできる．地域滞在型の経営として，レストランなどのサービスで付加価値を高めることができる．

8. ニッチ（隙間，棲み分け）

6次産業化においては，製品の種類，対象とする消費者と販路は，隙間あるいは棲み分けを意味するニッチでの取り組みになる（図2.7）．果汁で言えば，既存のメーカーのナショナルブランドやプライベートブランドの低価格輸入果汁がすでにあるので，プレミア国産果汁，地域特産果汁，期間限定果汁，機能性果汁などで棲み分けを考える．また，全国展開ではなく，高級マーケット，道の駅などを訪れる消費者に限定的した販売，カタログ・ネット通販，個人での直販，観光農園での販売など販売場所と客層で棲み分けることになる．いずれの場合もそこでなければ買う事ができないという価値が必要である．また，口コミ（ソーシャルメディアなど）が情報伝達に役立つ．また，一定規模になり継続性が重要になると一過

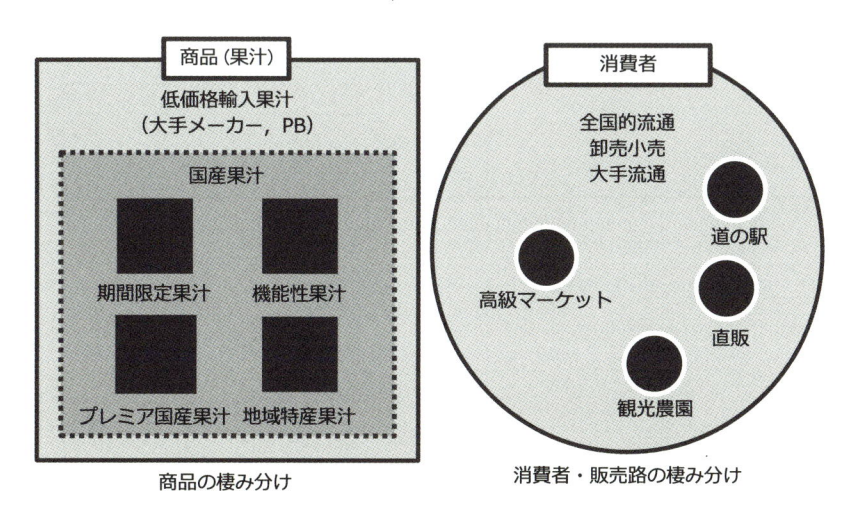

図 2.7　ニッチ（隙間・棲み分け）

性にならない経営努力も必要である．また，同じ地域で同じような製品が開発された場合，共存をはかる取り組みでは，B級グルメのように統一されたブランドではあるが，店舗ごと競り合うことで，地域全体の活性化につなげる方法も考えられる．しかし，6次産業化で想定するニッチ市場を考えると，競合しない製品開発が重要である．

9．ニッチ市場における健康機能性

　食品として摂取する果物や野菜の生活習慣病や慢性疾患の予防に関しては，数千人から数万人を対象にした，長期間（数十年におよぶ場合もある）にわたる栄養疫学研究が世界的に行われている．いくつもの疫学研究の結果をもとにエビデンスを評価されているが（表2.5，Boeing, 2012），果物と野菜の摂取と多くの疾病のリスク低下に関して，「可能性あり」あるいは「確実」と判定されている．いわゆる健康機能性については，細胞あるいは動物レベルで示されている例は多いが，ヒトレベルで健康機能性がエビデンスとして示されている例は少ない（表2.6）．特定保健用食品では，食後の血糖値上昇を抑える，やや高めの血圧を下げるなどの特定の生化学的指標の改善をヒトで認めているのであるが，これらの指標は比較的短期間に評価できることもあり，製品例も多い．これらの数値の改善は，あくまで食生活と組み合わせ，疾病の本質を改善から取り組んだ結果でなければいけない．一方，果物を食べることは，糖尿病や高血圧症

表 2.5　栄養疫学研究における果物・野菜の摂取と疾病予防に関するエビデンス評価

評価項目	関連性	エビデンス
肥満　体重減少 　　　体重増加	なし ↓	ほぼ確実 可能性あり
2型糖尿病	なし	確実
高血圧	↓	確実
冠動脈疾患	↓	確実
脳卒中	↓	確実
がん	↓	ほぼ確実
慢性炎症性腸疾患	不明	不十分
リューマチ関節炎	↓	可能性あり
慢性閉塞性肺疾患	↓	可能性あり
喘息	↓	可能性あり
骨粗鬆症	↓	可能性あり
眼病　加齢黄斑変成	↓	可能性あり
白内障	↓	可能性あり
緑内障	不明	不十分
糖尿病性網膜症	不明	不十分
認知症	↓	可能性あり

↓ リスク低下

表2.6 機能性食品と果物：評価の違い

機能性の評価
動物で確かめられている機能性
ヒトへの当てはめはできない
ヒトで確かめられる機能性の種類
短期間で効果が分かる生化学的指標
血糖値，血圧，血中脂質値など
長期間の疫学調査が必要な疾病のリスク
糖尿病，高血圧症，脂質異常症など
果物摂取に関して疫学研究で示されていること
果物摂取でがん・循環器系疾患のリスク低下
機能性食品では確かめられていない
果物摂取は2型糖尿病のリスクではない
機能性食品に期待すること
現在気になることを解消したい
果物摂取を含む食生活の改善でも可能
錠剤や飲料（効きそうな形状と手軽さ）
多くの機能性食品は特定の成分の抽出物
果物は多様な成分だけでなく栄養成分も含む

などの疾病，さらにはこれらが原因となる循環器系疾病による死亡リスクなどを下げるかどうかといった点から明らかにしている．この違いについて，消費者に浸透していないのが現状である．

　さて，ウンシュウミカンは日本を代表する果物である．ミカンの黄色はカロテノイドのβ-クリプトキサンチンに由来する．β-クリプトキサンチンはウンシュウミカン以外にもカキやビワに多く含まれるが，ウンシュウミカンのように含量は高くなく，また摂取量が多くないことから，実質的な摂取源はウンシュウミカンということになる．ウンシュウミカンの生活習慣病予防効果について，β-クリプトキサンチンを指標にして，ウンシュウミカン産地の静岡県浜松市の三ケ日地域で10年にわたる栄養疫学研究（三ケ日町研究）が行われ，生活習慣病予防効果に関するエビデンスが得られている．特定の果物に関してこのような疫学調査が行われている例はほとんどない．

　生活習慣病に関連する種々の指標において，血中β-クリプトキサンチン濃度（この値はウンシュウミカン摂取量と高い相関がある）が高いヒトではそれらの

表 2.7 ウンシュウミカンに関する栄養疫学研究（三ヶ日町研究）における血中カロテノイド種と生活習慣病リスクとの関連

カロテノイド	肝機能障害 アルコール性 γ-GTP値[a]	肝機能障害 非アルコール性 ALT値[a]	インスリン抵抗性 HOMA-IR値[a]	動脈硬化 脈波速度値[a]	骨粗鬆症 骨密度値[a]	喫煙者におけるメタボリックシンドローム[a]	喫煙+飲酒による酸化ストレス[b]
炭化水素系							
リコペン	↓						
α-カロテン	↓						↓
β-カロテン	↓↓	↓				↓	↓
キサントフィル系							
β-クリプトキサンチン	↓↓	↓↓	↓	↓↓	↓	↓↓	↓↓
ルテイン							↓
ゼアキサンチン			↓				

a) リスクとの負の関連性，b) 血中濃度低下との関連性，↓↓（顕著），↓（有意），↘（傾向性あり），無印（関連性なし）．（杉浦，2012．表を一部改変）

リスクが低いことが示されている（表 2.7, 杉浦, 2012）．血中に検出される主要カロテノイドは6種の中で，β-クリプトキサンチンは調査した指標のいずれにおいても良い結果を示している．

これらの結果をもとに，近年増加している脂肪肝，単純性脂肪性肝炎の予防改善効果を，脂肪性肝炎モデルマウス試験で検証し，効果を認めている．また，ヒト介入試験も実施中である．抗メタボリックシンドローム予防作用などについては，現在動物レベルでの検証研究が進行している．骨密度の低下抑制に関しては4年間の調査期間により，β-クリプトキサンチンの血中濃度が高い閉経女性は，低い人に比べて骨粗鬆症の発症率が有意に低いことが示されている（Sugiura, 2013）．

このようにウンシュウミカンは，他の果物に比べて疾病の予防に関する栄養疫学的なエビデンスが蓄積している．しかしながら，ウンシュウミ

カンの機能性が消費行動に結びついているとは言いがたい．ひとつは，リスクが低いといった説明になるため理解しにくいこと，将来におこる可能性のある疾病の予防であり，自身の抱えている肥満，血圧，血糖値，関節などのトラブルのように現在のことではないため，優先事項になりにくいことが理由として考えられる．後述のように機能性の表示販売はいまのところ難しいが，機能性に関する科学的なエビデンスを蓄積し，マスメディアへ有効に伝達する努力を重ねている．

　ところで，ウコンは肝臓に良いと言われるが，ヒトでの有効性に関して信頼できるデータはないようである．しかし，広告などで十分に認知されており，またウコンは生薬的な有効性を想像させることもあり，一定のシェアをもっている．一方，ウンシュウミカンは普通の果物であり，単なる果汁では特別な感じを消費者が抱くことは難しい．普通のウンシュウミカン果汁にはないコンセプトとして，ある搾汁メーカーでは，製造法の工夫により果実1個分の55kcalで，3個分のβ-クリプトキサンチン含量（3mg）の125mL入りの果汁をインターネット通販し，売上は順調と聞く．ウンシュウミカンの生産量は減少しており，2012年の出荷量75.7万トンに対して，加工仕向け量は7万トン程度と少なく，規模の大きな搾汁メーカーにとって原料の確保が課題となっている．付加価値をつけ小容量パックで販売する手法として注目できる．ところで，ウンシュウミカンは着色と品質は関連性が高く，高品質のウンシュウミカンほど優れたβ-クリプトキサンチン摂取源となる．6次産業化で考えるなら，農家が高品質果実を新鮮な状態で搾汁しβ-クリプトキサンチン高含有高品位果汁を製造すれば，輸入オレンジ果汁やメーカーの国産ウンシュウミカン果汁と差別化できると考えられる．

　果物に含まれるポリフェノール類は，含有量と普遍性の点で重要な成分といえる．果物の種類よりに構造に特徴があるが，大きくフラボノイド類（カテキン類，アントシアニン，プロアントシアニジンなども含まれる），フェニルプロパノイド類（カフェ酸など）に分けることができる．基本的には抗酸化能力を有し，動物実験などで血圧低下や血糖値上昇抑制など，種々の活性が確認されている成分もある．ヒトがポリフェノール類を摂取した後，体内で抗酸化活性を示すのか，抗酸化活性が健康効果の要素かどうかについては不明な点が多いが，果物が健康維持に貢献している理由のひとつと考えて良いだろう（Espín，2007）．果物のよう

に明らかに食品であっても，健康増進法では，健康保持増進の効果を表示や広告により示して販売することができない．有効性が明らかでない健康食品に頼ることで治療の機会を逸したり，悪化したりする可能性が考えられるからである．米国のダイエタリーサプリメント法では，国の評価を受けていないことを明示し，企業責任で効能表示が可能（国への届出は必要）になっている．規制緩和の観点から，わが国でも類似の方法に興味が持たれているが，企業責任という観点から見ると，6次産業化での取り組みは難しいと考えられる．しかし，特定成分の機能性についてヒトで有効性を確かめた例は少ないものの，果物や野菜の摂取が健康によいことは疫学研究で明らかになっているので，明らか食品については一定のルールをもって表示が可能になることを期待している．機能性に関して虚偽誇大広告は避けるべきであるが，現時点でも，特定の成分のイメージはかなり消費者に浸透しているため，きわめて曖昧な表現での宣伝が商品販売に利用されているのも事実である．また，エビデンスが確実でなくても商品の機能性に関する情報が口コミやメディアで広まる事例も多い．シイクワシャー，ジャバラ，ユズのように，果実に物語性や地域性がある場合，産地全体における継続的な取り組みの中で商品性のある加工品開発を行うことで，独自のニッチ市場を築くことができると考える．

10. 6次産業化の例

「何を使い，何を作り，どこでだれに提供するか」と「見合った収益を得る」という流れを考えると，果樹農家が果物を用いて6次産業化を考える場合のビジネスモデルは，素材となる果物の選択，栽培法の選択，加工品の付加価値，提供方法などが組み合わされて成立する（表 2.8）．成功事例の概要はインターネットのホームページで閲覧できる．また指導書的な書籍も多数存在する．ここでは，観光農園，輸出，素材，有機栽培，新規果実に分類し，特徴を簡単に解説する．観光農園というシステムに，西南暖地でのリンゴ園，有機栽培，キャンプ場，旅行会社とのタイアップなどを取り入れた例がある．リンゴやウンシュウミカンなどではこれまでも自治体や JA レベルで輸出に取り組む例があるが，小規模でも取り組んでいる例もある．そのために積極的にプロモーション活動を行っている．

表2.8　6次産業化の実践例

分類	果物の種類	特徴
観光農園	リンゴ	リンゴ園が少ない西南暖地．オーナー樹制度
	ブドウ	有機農業，多品種，外観ではなく味を売る工夫，固定客への宅配＋直販＋生協，周辺の慣行栽培より1〜2割高で販売
		市民農園，キャンプ場，旅行会社のツアー客，地域農家とタイアップ，圃場2ha，幹線道路沿いに販売所の開設，補助金なし
輸出	リンゴ，モモ	台湾，タイ
	ブドウ果汁	香港，地元でも引きあい
特別な素材	ウンシュウミカン	法人経営．自園の高糖度果実を加工．自家加工施設整備．高級食材店，ホテルへ販売
無農薬栽培有機栽培	レモン	ハウス無農薬栽培，複数の加工業者へ出荷
	ブドウ	本格ワイン，レストラン，直販．1ha→4ha，1万本→4万本
	ウメ	直販，自然食品サイト，銘柄塩を使った伝統製法，長期貯蔵，隔年結果による収穫減を通年の加工品販売で吸収，観梅会開催
新規果実	ボイゼンベリー	日本初の産地化，ジャム，チョコレート，ケーキ．地域で農商工連携1t→4.5t
	ピタヤ	生果，苗，ジャム．高級食品店，デパート．共同加工場（専用加工場を検討）

　一定の生産量を持つ場合，ウンシュウミカンでは高糖度高品質果実を利用し，果皮を剥いて精油の混入を押さえた高品位果汁を自家製造し，高級マーケットやホテルに提供している例がある．高品位果汁に取り組む事例は複数あるが，競合しない市場で事業展開を行っている．有機栽培では，レモンをハウス栽培し，加工業者へ提供する事例がある．他では入手しにくい素材という優位性があるが，加工業者との連携が重要である．ウメを銘柄塩のみで塩漬けし，無添加梅干しを提供している事例がある．隔年結果するウメの特性を加工品のストックでカバーでき，また長期貯蔵した梅干しは付加価値がつく．また，集客のために観梅会などのサービスを提供している．

　ブドウは，主体を加工用か生食用におくかで異なるが，ワイン用品種の有機栽培であれば本格ワインの製造が重要で，同時にレストランなどの併設も行ってい

る事例もある．新規果実をいち早く産地化する取り組みを行っている事例もある．菓子製造に新規果実を取り入れ産地化した事例や，比較的珍しい熱帯果樹を国内で栽培し，生果と加工品の販路を開拓している．

　6次産業化では，果実生産だけでなく，2次，3次産業の要素を十分に考えて取り組む事が重要であり，そのための労働の集約と配分を十分に考える必要がある．個人での取り組みでは，加工を手がけたが採算が取れずに中止する例もみられる．組合のような集団での取り組みは労働力の集約につながるが，一方で意思統一や作業分担が重要になる．生産者の収益というのが6次産業化の要点であるが，法人組織では売上げが数億円規模，個人の観光農園では数千万という事例がある．6次産業は基本的にはニッチでの取り組みになる．また，ニッチを浸食しないような事業計画が必要と考える．また，小規模な取り組みが圧迫されないような配慮も必要と考える．

11．まとめ

　6次産業化においては，農家が生産するだけの農業に，生産物の直販，加工品，サービスの提供を加えることで，利益を得て物質的な充足が得られることが必要である．そのため，加工を行う場合，生産量，販路などに関して十分な事業計画が必要となる．加えて，6次産業化は，地域の活性化や消費者とのつながりによる精神的な充足を得るシステムにもなりうると考えられる．

引用文献

Boeing, H., A. Bechthold, A. Bub, S. Ellinger, D. Haller, A. Kroke, E. Leschik-Bonnet, M. J. Müller, H. Oberritter, M. Schulze, P. Stehle, B. Watzl 2012. Critical review : vegetables and fruit in the prevention of chronic deceases. Eur. J. Nutr. 51：637-663.

Espín, J. D., M. T. García-Conesa, F. A. Tomás-Barberán 2007. Nutraceuticals: Facts and Fiction. Phytochemistry 68：2986-3008.

Sugiura, M., M. Nakamura, K. Ogawa, Y. Ikoma, M. Yano 2013. High serum carotenoids associated with lower risk for bone loss and osteoporosis in post-menopausal Japanese female subjects: prospective cohort study. PloS One 7：e52643.

杉浦　実　2012．ウンシュウミカンに含まれるβ-クリプトキサンチンと生活習慣病リスク，農林水産技術研究ジャーナル　35(12)：11-16.

第3章
『忘れられた家畜』ヤギ産品の需要喚起とその市場性

小澤壯行

日本獣医生命科学大学

1. はじめに－ヤギ産品をめぐる背景－

　手元に一冊の古ぼけた本がある．その背表紙には「山羊詳説」（村上榮 著, 養賢堂刊）と煤けた金文字で記されている．昭和16年（1941年）11月, ちょうど太平洋戦争開始の一ヶ月前に刊行されたこの書籍の巻頭言には, 次のような記述があった．

　『乳用山羊の飼育の盛んなること全国の双璧と言われる長野, 群馬の両県の実情に付て観るに山羊は他の家畜が農業用家畜として飼育せられるのとは異なって, 従来主として養蚕地方又は山村に於ける栄養, 保健の為という見地から, 農家の自覚に基づいて自発的に飼育して来たものである．即ち山羊乳は農山村に於ける育児用として, また一般人の栄養補給用として欠くべからざる必需品となっておるのであって, この事実は正に農山村の生活やその保健衛生等を論ずるものにとって厚生上見落とすことのできない事柄であると思う』（著者注：本文は旧仮名遣い）.

　若干冗長な引用であったが村上が記すように, 今を遡ること60有余年前の戦前・戦中期日本におけるヤギ飼養は「盛況」であり, それは「農家の自覚に基づいて自発的に」飼育された家畜であったことがわかる．さらに栄養補給用物資として「欠くべからざる必需品」であり, このことは「厚生上見落とすことができない」事実であることも指摘している．まさに当時の日本人にとってヤギは貴重

な動物性タンパク質供給源として，食料生産に占める地位は大きく，まさに今からすれば隔世の感があることに驚愕した．そしてこの本との出会いが筆者をヤギ研究の道へと向かわせた．

さてわが国における従来の畜産生産システムは，高度経済成長期に「選択的拡大」の名目の下に急速に展開した乳用牛および肉用牛に代表される大家畜飼育および養豚，養鶏等の中小家畜，家禽飼育がそのメインストリームとなった．しかしその反面，ヤギに代表される農家庭先飼育家畜が衰退する事態を招来した．その結果，わが国畜産は土地と乖離し「加工型畜産」と揶揄されるような状況に陥ってしまっている．いわゆる農政が主導するところの「地域の条件や経営実態に応じた多様な経営展開」からは大きくかけ離れてしまった実情にある．

ところでわが国におけるヤギ飼養の歴史を振り返ると，敗戦の傷跡から立ち直りつつある1949年当時の全国飼養頭数は約46万頭であり，その後1957年には66.9万頭とピークを示した．これを境として，飼育頭数は減少の一途をたどりはじめ，2008年時点の飼育頭数は沖縄，鹿児島，群馬，北海道，長野を中心としてわずか14,700頭を数えるに過ぎず，まさに戦前から基本法農政施行まで国民の栄養を支え続けた小さな家畜の姿は我々の目前から消し去られようとしている．さらに

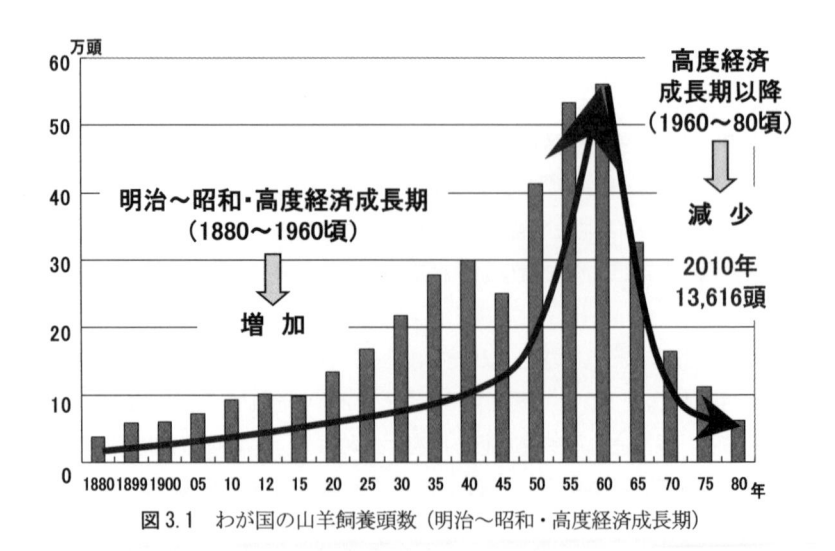

図3.1　わが国の山羊飼養頭数（明治〜昭和・高度経済成長期）

畜産統計では平成 9 年をもってヤギ飼養に係る調査が廃止されていることからわかるように，国内畜産におけるその位置づけの低下は著しい．

このように「じり貧状態」にある国内ヤギ飼養であるが，近年になって小さな変化が生じつつある．それはヤギ飼養の見直しと飼育熱の高まりである．萬田（2000）はこの変化を 4 つに分類して説明を加えている．1 点目はヤギミルクへの関心である．ヤギミルクはその組成が母乳に近く，消化吸収が優れているために牛乳の飲用が苦手な消費者でも安心して飲むことができること．2 点目はその愛らしい姿から学校等の教材動物として適している点である．また，ペットとしても飼いやすく家屋周囲の雑草を食べてくれる点からも人気が出てきていること．3 点目はヤギの粗飼料利用性が高いことを利用して，耕作放棄地等の草刈りに利用する点である．さらに 4 点目として健康食としてのヤギ肉需要の高まりを指摘している．

加えてヤギ飼養者自らの取り組みとしては，全国ヤギネットワークがある．このネットワークはヤギ飼養者を中心として会員数 400 名弱を有しており，機関誌「ヤギの友」を発行するとともに，毎年 1 回情報交換の場として「全国ヤギサミット」を開催している．本サミットは，2013 年で 15 回目を数えており，その発表内容は開催地の地元メディアでも大きく取り上げられ，年々その注目度を増している．

萬田の指摘および全国ヤギサミットにおける種々の討論を踏まえ，中西（2007）は日本国内におけるヤギ飼育に係る喫緊の展望について，①野生化したヤギの捕獲による生体利用（肉利用）による環境改善，②新しい飲料としてのヤギ乳の消費拡大，③国内農地の耕作放棄化に伴う，ヤギによる除草利用の促進による適正な植生管理，④ヤギによる環境保全効果の促進（ヤギ放牧による保安林の整備，ヤギ放牧と合鴨農法との組み合わせによる田園景観の保全），⑤ヤギを利用した動物介在活動の展開，⑥有機農業におけるヤギ飼育の見直し（農場副産物や作物残渣の有効活用，強害雑草の生物的防除）の 6 点を掲げて整理している．

以上のように目下，ヤギ飼養はもっとも注目されている畜産分野のひとつであり，わが国農業をめぐる諸問題を解決し，同時に食育をも担う「救世主」的存在であると言っても過言ではない．しかし，残念なことはヤギ産品の市場開拓とその

表3.1　国産山羊産品一覧表

製品名	山羊乳		
	チーズ	ヨーグルト	アイスクリーム
販売者数	9	6	6
主な種類・名称等	シェーブル	山羊ヨーグルト	やぎのアイスクリーム
	さんともーれ	アルパインヨーグルト	南の国のハイジ
	アルプ・カーゼ	やぎの飲むヨーグルト	やぎミルクのジェラード
	カベクー	山羊乳ヨーグルト, 他	ヨーグルトアイス, 他
	エトナンカラ		
	胎内高原チーズ		
	サンドモール・ド・トゥレース		
	ビンザブラン, 他		

製品名	山羊肉	
	加工品	精肉販売
販売者数	6	3
主な種類・名称等	味付け山羊肉	山羊肉
	島山羊のみそ煮	
	山羊汁	
	ヒージャーキー	
	山羊汁冷凍パック	

資料：（独）家畜改良センター茨城牧場長野支場より作成
注：①販売者数が重複している製品がある，
②季節販売や調査時点で販売を休止しているものを含む．

将来性に言及した研究が極めて少ないことにある．

　表3.1にはわが国で唯一，日本ザーネン種を系統的に飼養管理し，同時にヤギ振興の要ともいうべき，家畜改良センター茨城牧場長野支場がとりまとめた国産ヤギ産品の販売状況を加工して示した．この表に見られるように，ヤギ乳に関しては実に多岐にわたって製品が販売されていることがわかる．一村一品的なチーズやヨーグルト，アイスクリームはもとより，ヤギ乳を利用した菓子やパン，さらには石鹸やペットフードに至るまで，普段は店頭で目にすることは希であるが着実にその裾野を広げている．特に石鹸については，昨今の各種メディアによる美容・健康ブームの創出により，女性のスキンケアへの関心が高まりを背景に，特にヤギ乳を配合して作られた石鹸は保湿力が高い等の理由で人気を博している．イ

山羊乳			
菓子	パン	石鹸	ペットフード
4	2	9	4
チーズケーキ	ヤギミルク・スティック	山羊初乳石鹸	山羊ミルクヘルシーボーロ
プリン	やぎみるくスティック	わしためぇーめぇーヤギの石けん	山羊ミルク（犬，猫用）
チーズムースタルト		アルプスの少女ハイジヤギミルクソープ	山羊乳ワッフル
やぎミルクのプリン		やぎミルク石けん	山羊ミルクプリン，他
五反田カスター，他		黒やぎ乳石鹸，他	

ンターネット検索サイトでは，実に4万件以上ものヤギ乳業者がヒットする．このようにネット等において市販されているヤギ乳石鹸は国産，輸入商品を問わず国産の美容石鹸の価格を上回って販売されていることが多い．またこれらヤギ乳石鹸の利点として，他の石鹸と比べて人肌に対して保湿性を高く保つ効用を謳っている．

　一方，ヤギ肉が食文化として根付いている代表的な地域と言えば，沖縄ならびに鹿児島の島嶼部である．特に，沖縄は最もヤギ飼養が盛んな地域であり，国産及び輸入ヤギ肉の大半が沖縄に仕向けられている．沖縄でヤギは「ヒージャー」と呼ばれ，ヤギ肉を食べることを沖縄の方言で「ヒージャーグスイ（薬餌の意）」と言って，暑さや病気に負けないよう滋養を付ける栄養食として食したり，また，入学祝いや新築祝いなどといったお祝いの席に，ヤギ1頭を近所の人たちで潰して食べるという習慣がある．しかし，最近では沖縄でも若い世代のヤギ肉離れが進み，消費量の低下が懸念されている．沖縄で食されている代表的なヤギ肉料理には，ヤギ汁・ヤギ刺し・チイリチャー（寒天状の血液の炒め物）等がある．ヤギ汁は肉を骨の付いたまま鍋で炊き，塩だけで味付けをした汁物であり，表中のヤギ汁がこれに該当する．また，ヒージャーキーとはヤギ肉の「ジャーキー（干し肉）」であり，土産物店でも購入することができる．ヤギ刺しは一般に皮のつ

いたままの肉を刺身で食するのだが, 皮に付いた脂肪が独特の強い臭いを発しており, この臭いがヤギをよく食する人たちには好まれており, 筆者の大好物でもある. また, 沖縄以外では, 長野県でヤギ肉の販売が行われている. JA みなみ信州管内はヤギ生産振興ならびに生産物利用に関して, 意欲的に取り組んでいる地域であり, ヤギ肉の通信販売を行っている. ここでは, 独特の臭気でクセのあるヤギ肉を食べやすいように味付けし, 販売に供している.

実は表 3.1 には飲用ヤギ乳そのものの表記がない. 実際, 飲用向けヤギ乳を販売している業者が無いわけではないが, あえて表中からは省いてある. この背景には厚労省の乳等省令（「乳及び乳製品の成分規格等に関する省令」）が大きく関わっている. 昭和 26 年に定められた同省令では, 殺菌ヤギ乳の成分規格が, 乳脂肪分 3.6 ％, 無脂乳固形分 8.0 ％以上と定められている. 乳等省令で定められている牛乳の成分規格が乳脂肪分 3.0 ％, 無脂乳固形分 8.0 ％以上であるから, ヤギ乳は牛乳を上回る乳脂肪分を確保しなければ流通してはいけないことになる. しかし, 現実には日本で飼養されている日本ザーネン種の品種的特性から, 乳脂肪分が 3 ％を上回ることは困難であり, まして 3.6 ％水準を確保するには濃厚飼料を多給することにより, かろうじてこれが成し遂げられる. 今を遡ることおよそ 60 年前の乳等省令制定時に, どのような理由でヤギ乳の脂肪分が現行水準に定められたかは不明であるが, いずれにしても現段階で市中に流通させるには過分のリスクを背負うことになる. ここに飲用ヤギ乳流通の大きな障壁が存在する.

以上のようにヤギ産品に関しては, 全国的な展開が個別分散的に見受けられるものの, 依然として畜産物としてはマイノリティーの域を脱していない. その背景には, ヤギ産品の需要開発や市場性に係る基礎的な知見が欠落していることが起因している.

本章ではこのような現状を踏まえて, 筆者が手掛けたいくつかの研究成果について概括し, 今後の方向性を考えて行きたい.

2. 市場性研究の概要

(1)消費者のヤギ産品受容性に関する研究
－ヤギ肉需要とシェーブル・ミート－

　ヤギ飼養が畜産経営として確立するためには，その主産物たるヤギ肉およびヤギ乳の商品としての需要度を把握することが重要である．そこでヤギ肉とヤギ乳に関してそれぞれの消費者受容性に関する調査ならびに官能試験を実施した．

　まず，本学在籍学生の保証人（＝学生の母親）に対してヤギ肉の需要性に関するアンケート（n＝98）を実施した．その結果，回答者の大半がヤギ肉の食体験を有していなかった（84％）しかし，ヤギ肉への関心について問うたところ，「ヤギ肉は市販されていないため，家庭内では食べる機会がなく，未知の食肉である．しかし，これが適切な価格および調理法が示されていれば購入してみたい」と回答する者が少なくなかった（37％）．このことは主婦層における潜在的なヤギ肉需要の存在を示唆していることから，未知なる食肉への「好奇心」を喚起することによって需要を促進させることが可能であると思われる．（Ozawa et al., 2004）．

　次にこのような「母親」の意向を踏まえて，本学在籍学生（n＝178）に対してヤギ肉の官能試験を実施した．試験は食塩水に一定時間浸したヤギ肉をオーブンで加熱したものを部位別に 10g ずつ提供した．その結果，過半の被験者が食味で「普通」以上の評価を下した．さらに部位別では牛肉，豚肉等の一般的な食肉と同様にヒレ肉，ロース肉，モモ肉の順位で受容度の優位性が示された．このことから，ヤギ肉においても牛肉や豚肉と同様にいわゆる「上級部位」の嗜好性が高く，この上位部位を家庭料理に用いることによって若年層への浸透を図ることが可能であるとが示された（Ozawa et al., 2005a）．また，外食産業におけるヤギ肉の位置づけを確認するために，都内に営業する沖縄料理店（n＝14）に対して，ヤギ肉料理の販売状況に関するアンケートを実施した．このうちヤギ肉料理を提供している沖縄料理店はわずか4店（30％）に過ぎなかった．その理由としては，「東京の人には馴染みがないから」，「臭みがあるから」，「仕入れが困難だから」といった理由が大半を占めた．さらにヤギ料理を扱っていないこれら料理店（n＝10）に対して，今後のヤギ肉料理導入意向を問うたところ，「導入する」と明言し

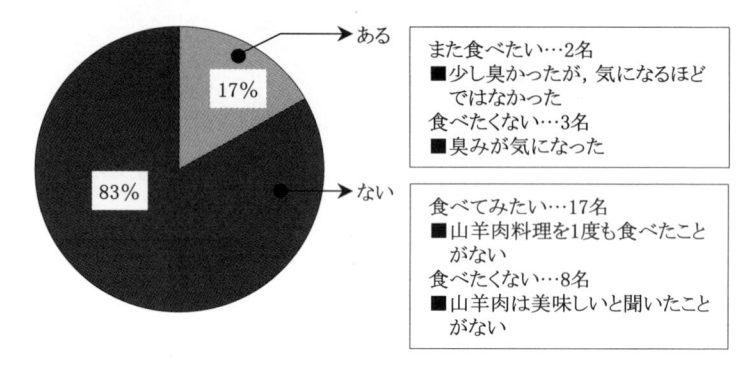

ある
17%
- また食べたい…2名
  ■ 少し臭かったが，気になるほどではなかった
- 食べたくない…3名
  ■ 臭みが気になった

83%
ない
- 食べてみたい…17名
  ■ 山羊肉料理を1度も食べたことがない
- 食べたくない…8名
  ■ 山羊肉は美味しいと聞いたことがない

図3.2 試験前のアンケート結果
山羊肉料理を食した経験の有無 (n=30)

た店舗は僅か1店のみであった．このことから，外食産業，特にヤギ肉食文化が根付いている沖縄の郷土料理を通じたヤギ肉普及には，未だ多くの課題があるものと思慮される．

　以上の調査結果より，今後のヤギ肉需要を喚起するには①肥育方法の見直し等による肥育効率の改善（上級部位の確保）およびヤギ臭の軽減が求められていること，②主婦層に利用を訴求できるようなヤギ肉を用いた新たな家庭料理レシピの開発・普及が重要であることが示された（Ozawa et al., 2005b）．

　そこで本学学生30名（男13名，女17名：平均年齢20.3歳）を対象にヤギ肉に適したレシピ開発を行うため官能試験を実施した．使用部位はモモ肉とし，まず，肉の臭みをとるために20分間料理酒に浸した．その後，家庭で行うような一般的な方法で肉じゃが，ハヤシライスおよび酢豚風の3品を調理し，被験者に対してそれぞれ100gを供試した．また試食前後にはヤギ肉食経験に関するアンケートを実施して，効果を測定した．

　試験前に行ったアンケートの結果，過去にヤギ肉料理を食したことのある者は30名中わずか5名（17%）であった．

　ヤギ肉料理を食したことのある5名のうち，また食べたいと回答した者は2名，残りの3名は食べたくないと回答した．ヤギ肉料理は若年層消費者にとってほとんど馴染みがないと言えるほど，認知度の低さが分かる．一方，ヤギ肉料理を食し

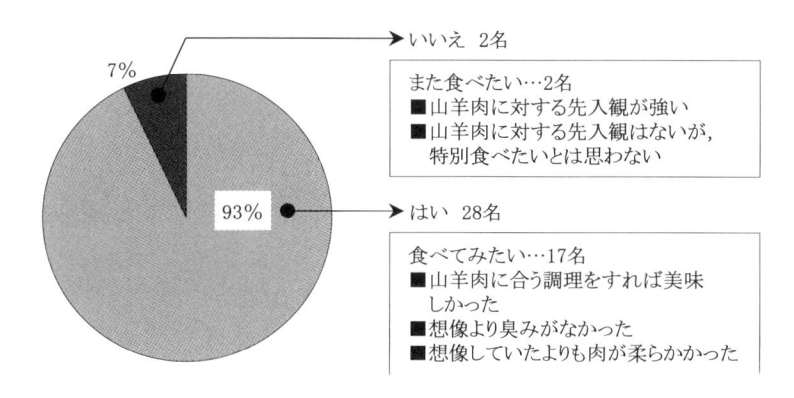

第3章　『忘れられた家畜』ヤギ産品の需要喚起とその市場性　　（ 53 ）

```
            7%   いいえ 2名
                 また食べたい…2名
                 ■山羊肉に対する先入観が強い
                 ■山羊肉に対する先入観はないが，
                   特別食べたいとは思わない

           93%   はい 28名
                 食べてみたい…17名
                 ■山羊肉に合う調理をすれば美味
                   しかった
                 ■想像より臭みがなかった
                 ■想像していたよりも肉が柔らかかった
```

図 3.3　試験後のアンケート結果
山羊肉料理をまた食したいか？（n=30）

たことのない者の, 25 名中 17 名（68 %）がヤギ肉を食べてみたいと回答し, 残りの 8 名（32 %）は食べたくないと回答した．「食べたくない」と否定的な回答をした被験者には, 臭い, 美味しくないという理由（イメージ）を挙げた者が半数おり, ヤギ肉料理に対して当初よりネガティブな先入観を抱いているものと思われる．

官能試験後に行ったアンケートの結果, ヤギ肉と調理法が 1 番合っているとして支持を集めた料理は酢豚風（14 名）で全体の約半数を占め, 次いでハヤシライス（13 名）, 肉じゃが（3 名）の順となった．この結果を踏まえると, ヤギ肉の家庭内利用には, 肉じゃがのような比較的薄めの味付けで素材の味が出る調理法よりは, ハヤシライスや酢豚風のように, じっくり煮込んだり, 調味料で下味をつけたりしてから揚げるといった, 味をしっかり絡めるような調理法が向いていると考えられる．また, 今後ヤギ肉料理を食べたいかという問いに対して, 30 名中 28 名（93 %）が食べたいと回答し, 残りの 2 名（7 %）は食べたくないと回答した．

既述のように, 試験前に行ったアンケートでヤギ肉料理を食べたくないと回答した者は, 過去にヤギ肉料理を食した経験がある被験者とない被験者合わせて 11 名いたが, 試験後のこの設問で, 変わらず食べたくないと回答した者は 1 名のみだった．それではヤギ肉を食肉マーケットに新規参入させると仮定した際に, ヤギ

【表】 ─料理名　　　　　　　　　　　　　─完成写真

＜シェーブル・ミートの酢豚風＞

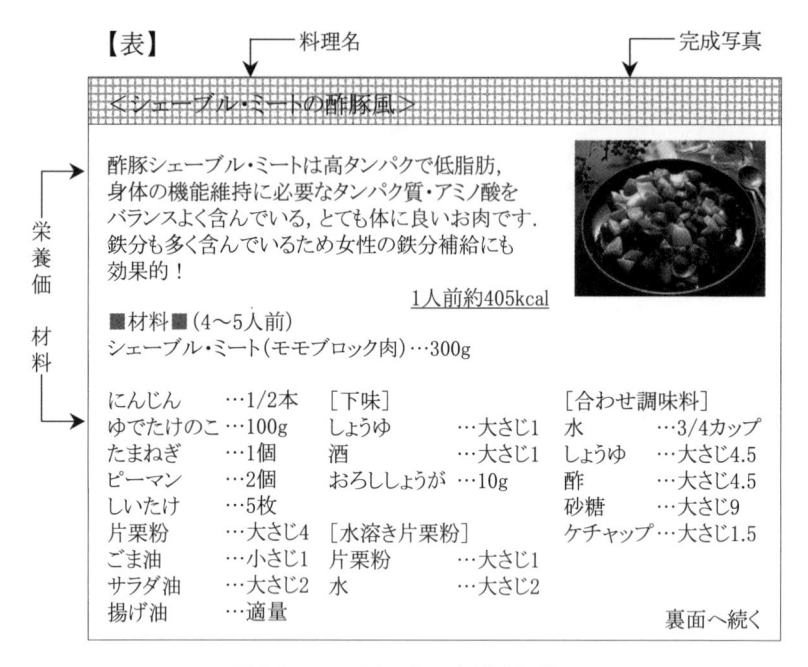

酢豚シェーブル・ミートは高タンパクで低脂肪，身体の機能維持に必要なタンパク質・アミノ酸をバランスよく含んでいる，とても体に良いお肉です．鉄分も多く含んでいるため女性の鉄分補給にも効果的！

1人前約405kcal

■材料■（4～5人前）
シェーブル・ミート（モモブロック肉）…300g

にんじん	…1/2本	[下味]		[合わせ調味料]	
ゆでたけのこ	…100g	しょうゆ	…大さじ1	水	…3/4カップ
たまねぎ	…1個	酒	…大さじ1	しょうゆ	…大さじ4.5
ピーマン	…2個	おろししょうが	…10g	酢	…大さじ4.5
しいたけ	…5枚			砂糖	…大さじ9
片栗粉	…大さじ4	[水溶き片栗粉]		ケチャップ	…大さじ1.5
ごま油	…小さじ1	片栗粉	…大さじ1		
サラダ油	…大さじ2	水	…大さじ2		
揚げ油	…適量				

栄養価
材料

裏面へ続く

図 3.4　レシピカードの実例（表面）

肉の消費を促進するためにヤギ肉をどのようにアピールしていけばよいのであろうか．

　実は「ヤギ肉」と聞いて，臭い，美味しくない等のマイナスイメージを持つ消費者は少なくない．そこで，ヤギ肉に代わる新たな呼称として，「シェーブル・ミート」とすることを提案いたしたい．"シェーブル（Chevre）"とは，フランス語でヤギを意味し，一般的にはヤギ乳を使ったチーズの総称になっている．ヤギ乳チーズに親しんでいる消費者にとっては，「シェーブル」の一言に親近感が生まれるであろう．また，シェーブルチーズを知らない消費者にとっても，「ヤギ肉」と呼ぶよりも「シェーブル・ミート」と西洋風の名称を付した方が，未知のもの，モダンなものに対する好奇心から購買意欲をそそることができると考えられる．

　また「シェーブル・ミート」の呼称を用いると同時にレシピを食肉に貼付して販売する手法を提案したい．最近では，食料品店などでレシピが書かれた用紙が

無料で配布されていたり，調味料等の食品本体に調理例が記載されているのをよく見かける．具体的な調理方法や使用方法がわかったほうが，購入意欲が喚起される．ヤギ肉においても同様で，例えヤギ肉を購入する機会があったとしても，初めて調理する消費者が大半を占めるであろうことから，美味しく食することができるように，調理例を記載しておくことも消費拡大には肝要である．そこで，ヤギ肉を使用した調理例を記載したレシピカード例を作成して，これの提供による試食販売等の実践を行ったらいかがであろうか．調理に必要な材料や，作り方の記載はもちろん，栄養面での情報や，完成した料理の写真も添えることにより，出来上がり後のイメージを与えることもヤギ肉（シェーブル・ミート）需要拡大には重要なことであろう．

－ヤギ乳の消費者受容性について－

ヤギ肉と同様にヤギ乳に対する消費者受容性の把握についても実施した．この調査はヤギ肉の需要性調査と同様に本学在籍学生の保証人275名に対して行われた．275名の回答者（うち男性103名）の平均年齢は49.5歳で，男性の平均年齢は51.8歳，女性の平均年齢は48.1歳であった．また回答者に見られる特徴的な点として，65％以上の世帯年収が700万円を上回っており，典型的な中産階級であることが認められた．

アンケート調査の結果，①約3割（80名）の回答者が0～9歳の若齢期にヤギ乳の飲用経験があった，②このうち46％（37名）がヤギ乳をまた飲んでみたいとの考えがある，③飲用経験を有しない者192名のうち，約7割が「ヤギ乳を試飲してみたい」との意向を有している，④しかし，ヤギ乳購入の意志は全体の24％と低く，このことはヤギ乳飲用への興味・関心は高いものの，あえて金銭を支払ってまで購入しようとする意欲が脆弱であることを示している．この結果を踏まえると，ヤギ乳を牛乳に取って替わる「競合飲料」として位置づけるのは賢明ではなく，むしろヤギ乳の持つ栄養特性を活かした「飲料」，「乳製品」として加工・販売することにより，消費者に対して「古くて新しい乳製品」としてのイメージを伴って販売展開を講じるべきであると考えられる（Ozawa et al., 2009）．

(2) 自給飼料給与を基本として製造された国産ヤギ乳産品受容性の比較検討

　自給飼料基盤の拡充による飼料自給率の向上は喫緊の社会的課題であり, とりわけヤギ飼養において放牧システム導入による経営コスト削減効果は, ニュージーランド酪農経営との比較において明らかである (Ozawa et al., 2005c). このことを踏まえ, ヤギ産品の作出に係る畜産経営モデル策定においても, 我が国畜産形態の代名詞である「加工型畜産形態」と同じ轍を踏まないように配慮することが肝要となる. そこで国産ヤギ全粉乳を① 放牧飼養によるヤギ乳利用, ② 配合飼料給与によるヤギ乳利用によるものの2種類を製造した. またこれら国産ヤギ粉乳と競合関係にあると思慮される③ 米国産および④ ニュージーランド (NZ) 産の市販ヤギ全粉乳を実験区に, ⑤ 牛乳を対照区として中産階級主婦層 ($n=31$) に対して官能試験を実施した.

　その結果, 対照区として設定した牛乳は米国産ヤギ乳を除く3種のヤギ乳に比べて有意に評価が高かった. 牛乳の評価が高い理由は, 癖がないことも挙げられるが, 「牛乳のようで飲みやすい」とする回答が最も多かったため, 「飲みなれている」とする習慣性が要因であると考えられる. 一般的にヤギ乳は牛乳に比べ, 特

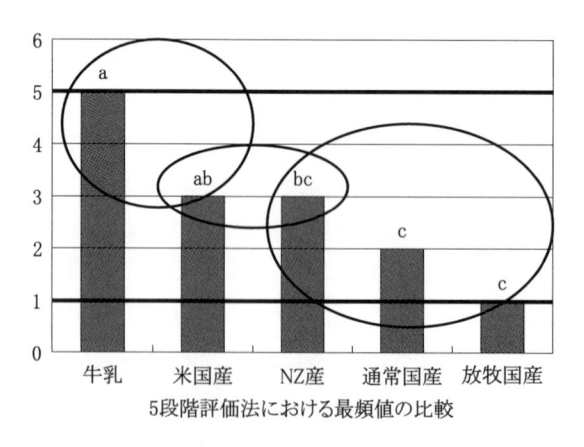

abcd: 異なる肩文字間に有意差あり
$p<0.05$

図3.5　官能試験結果 (総合評価)

有の風味の原因である中鎖脂肪酸含有率が高いため, 全体的にヤギ乳そのものの評価が低くなっている. 米国産ヤギ乳は 4 種のヤギ乳の中で最も評価が高く, 牛乳との間にも有意差が認められなかった. 若干の不評が見られたものの「甘い・飲みやすい」など, 牛乳との類似意見が多く比較的好評であり, 市場参入の可能性が最も期待できる製品である. また, 米国産と NZ 産間には有意差は認められず,「人工的な味・香りがする」との共通した意見が見られた. どちらも「ヤギ臭さ」を除去するための処置が施されている製品であるが, それが人工的な風味となっているものと考えられる. 総合評価では国産粉乳の間に有意差は認められなかったが, 香りは配合飼料給与粉乳より, 放牧粉乳の評価が低く有意差が認められた. 放牧飼養により生牧草の摂取量が増したことで, 独特の飼料臭が発生し, これが乳へと移行したためであると考えられる. 概して国産粉乳は外国産粉乳に比べ評価が低く,「動物臭がする」,「癖がある」 等の異常風味と思われるような意見が多数見られた. これらの結果を踏まえると, いわゆる自給飼料(放牧)多給によるヤギ乳の直接飲用形態による家庭への消費普及は, ヤギが生理的に有する臭いと生草給餌による風味から困難と言わざるをえず, ヤギ乳の直接飲用よりも, むしろ新たにヤギ乳を利用した商品展開の必要性が有効であることが認められた(Ozawa et al., 2010a).

(3) ヤギ産品市場開拓に係る製品開発およびマーケティング
－ヤギ乳石けんの効果測定－

　昨今の各種メディアによる美容・健康ブーム創出は, 女性のスキンケアへの関心を一層高めつつある. その中で, ヤギ乳で作られた石けんは保湿力が高い等の理由で, インターネットを通じて人気を博している. このように多くの関心を集めながらも, ヤギ乳石けんの人の肌に対する保湿性に関する科学的な検証は洋の東西を問わず一切なされていない. そこで, ①特別にヤギ乳含有率を調整した石けんを被験者に使用してもらい, 皮膚水分率にどのような変化が生じたかを検証するとともに, ②被験者に対してアンケート調査を行うことで, ヤギ乳石けんの使用感の把握を試みた. ヤギ乳石けんの材料は, オリーブオイル, ココナッツオイル, パームオイル, キャスターオイル, カカオバター, 精製水, ヤギ乳であり, 石けん製造方法は冷製法とした. オイル類の含有量は変えず, ヤギ乳のみ 0%, 25%,

50％, 100％の4種類の含有率を変えた石けんを製造し,本学に在籍する20代女性29名を対象として,2006年12月5日から12月18日までの2週間を実験期間として設定した．実験開始1週目を馴致期間として定め,被験者全員にヤギ乳含有率0％の石けんを使用してもらい,このデータを対照区とした．その後第2週目はヤギ乳含有率0％, 25％, 50％, 100％の石けんを使用する4群に分け,それぞれを7名, 7名, 7名, 8名の実験区を設定した．ヤギ乳石けんは,在宅時に日常的に使用してもらい,実験期間中は他の石けんや保湿クリーム等の使用を禁止した．その結果,実験区に統計的な有意差は認められず,ヤギ乳含有率が高いほどこの傾向は増加するという仮説は棄却されることとなった．しかしこの実験では20代前半の女性を被験者としたため,肌の潤いに関する差異はただでさえ少なく,効果は測定できなかったと思われる．

　そこで中年女性70名（平均年齢51歳）にヤギ乳石けんを配布し,3週間以上使用して使用感に関するアンケート調査を行った．石けんは無作為に配布し,ヤギ乳配合率は被験者には開示しなかった．また石けんは日常的に自由に使用してもらった．その結果,使い心地の良さや,肌質改善効果はヤギ乳含有率に比例して高くなる傾向にあり,反対に使用感や肌質改善の効果が無いとする回答は含有量が低くなるにつれて高くなる傾向があった．肌質改善効果についてヤギ乳含有量別にみると,統計的な有意差は認められなかったものの,ヤギ乳を含有する石けんを使用した被験者群と,ヤギ乳を含有しない石けんを使用した被験者群との二者を比較した場合,「肌質改善あり」と前向きにする回答率は,ヤギ乳を含有する石けんを使用した群の方が有意に高い率を示した．

　以上の結果から,肌質改善効果とヤギ乳含有率の関係に統計的な差異が生じていないことから,ヤギ乳含有量の多少が肌質改善に直接的に作用するのではなく,むしろ石けんそのものの「出来」が,被験者が通常使用している石けんより優れており,製造に使用した油脂成分が影響して,肌質に「うるおい」を与えた側面も大きいと考えられる．しかし購入希望価格の設問では,「効果を得られる製品は高価格でも購入したい」という,被験者の心情を表した結果から,ヤギ乳含有量が高い石けんほど使用感が良く,肌質改善に効果を感じたという回答も多かった．また20代の女性を対象に行った実験では,含有率別の肌質改善の有意差は認めら

れなかったが，今回は一定の効果が見られたことからも，若年層よりも中高年層への適用性が高いと考えられた．ヤギ乳配合による皮膚水分含有率への直接的な影響は認められなかったものの，使用感の上昇が認められたため，ヤギ産品製造開発の一助として石けんが有効であることの方向性が示唆されるとともに，ヤギ乳が有す成分と皮膚水分含有量との両者の関係を更に深く調査する必要性があると思われた（小澤ら, 2007）．

－ヤギミルクジャム「カヘタ」の製造による需要創造－

　続いてヤギ乳を用いた新しい製品開発を行うことによる需要喚起を企図した．その対象として，メキシコで日常的に親しまれているヤギ乳製品の Cajeta（カヘタ）を参考として，ミルクジャムを製造して官能試験に供し，当該製品の市場参入可能性を模索することを行った．

　官能試験は本学学生及び学園祭一般来場者を対象に計394名に対して実施した．当研究室で製作したヤギミルクジャム（以下ヤギ）を実験区，市販されている牛のミルクジャム（以下牛）を対照区とし，どちらか一方のみ試食してもらい，色，かおり，味，総合評価の4項目について，11段階評価（0～4「悪い」，5～6「普通」，7～10「良い」）や販売価格の設定，評価理由を回答してもらった．結果は，χ^2 乗検定およびt検定にて解析を行った．

　その結果，総合的な評価では，牛で69％，ヤギで41％が「良い」と評価し，有意に牛の評価が高く（$p<0.01$），より消費者に好まれることが明らかとなった．しかし，ヤギは牛よりも評価が低いものの，全体の約7割が「普通」以上の評価を下している．色の評価は有意にヤギが高く，特に牛で"色が良くない"という意見が多くみられた．これは，"ミルクジャム"という製品名からのイメージ（白色）と実際の色（褐色）との差によるものと考えられる．かおり及び味の評価では，牛の評価が有意に高く，ヤギは「ヤギ臭い」，「食味に癖がある」等のマイナス意見から，ヤギ特有の臭みに抵抗感があることがうかがえた．年代別では，50・60代で，牛とヤギの評価に差がみられなかった．この背景には，幼少期に家庭や近隣でヤギを飼育している等，ヤギ乳を飲んだことがある，もしくは飲んでいた割合が高く，比較的ヤギ特有の臭みや後味に抵抗がないためと考えられる．以上のことから，今後，ヤギ乳ミルクジャム・カヘタを製品化する上で，かおりや味の改良は

■ 良い(%) ■ 普通(%) □ 悪い(%)

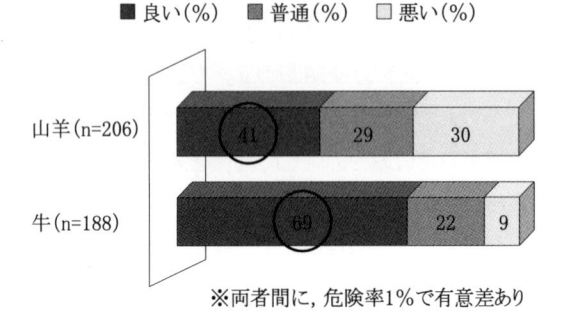

山羊(n=206) 41 | 29 | 30
牛(n=188) 69 | 22 | 9

※両者間に，危険率1%で有意差あり

・年代別→50・60代にのみ評価に有意差なし

図3.6 官能試験結果（総合評価）

表3.2 栄養成分分析表

ミルクジャム栄養成分分析結果（100gあたり）

分析項目	牛ミルクジャム	山羊ミルクジャム
水分	25.5g	28.2g
たんぱく質	7.2g	10.3g
脂質	9.0g	15.7g
灰分	1.6g	2.7g
炭水化物	56.7mg	43.1g
カルシウム	247mg	350mg
エネルギー	337kcal	355kcal

日本食品分析センター分析値（2008年11月5日）
注1. 窒素・たんぱく質換算係数：6.38
注2. 計算式：100 －（水分＋たんぱく質＋脂質＋灰分）
注3. 栄養表示基準（平成15年度厚生労働省告示第176号）
　　によるエネルギー換算係数：たんぱく質4，脂質9，
　　炭水化物4

必須であるが，同時にこのヤギ臭さという「特徴」が失われると，牛乳と何ら変わらず，むしろ個性のない味となってしまうおそれがあるため，留意しなければならない．

また，外部分析機関に依頼した成分分析の結果，ヤギの栄養価がより高く，特にタンパク質及びカルシウムの含有量は牛の約1.5倍の含有量であることが製品の属性となり，付加価値を高める要因の1つとなり得る．

ヤギミルクジャムの市場展開には，ヤギ乳生産・流通量が少ないため大量生産が困難なことや，販売経路が限られていること等の問題はあるものの，ヤギを見直す動きが高まる今日，味の改良・付加価値を前面に押し出した販売戦略の展開によっては，市場参入の可能性は十分期待できると思われる（小澤ら，2010b）．

3．おわりに　－ヤギ産品の未来－

　今，ヤギが注目を浴びている．それは単に食用家畜としてのヤギから，「愛するべき動物」としてのヤギである．平成25年11月30日付けの朝日新聞多摩版には，「メイメイ，バイバイ！団地の草刈りヤギさん，ありがとう」との見出しで大きく取り上げられていた．町田市の山崎団地において都市再生機構が2ヶ月間に亘って実施した放牧除草の実証実験が終了したため，4頭のヤギが引き上げられる際に多くの住民が別れを惜しんだとの記事である．記事中には「これだけたくさんの住民に愛されるとは思わなかった」との担当者の談話が掲載されている．愛される家畜，それがヤギなのである．

　小稿の冒頭にかつて「ヤギは農家の自覚に基づいて自発的に」飼われていた家畜であったことを引用して示した．しかし今日，ヤギは「地域住民に愛されながら」飼われていた家畜と化した．確かに団地での除草実証試験が地域住民に与えた印象は「可愛い動物」なのであろう．だがヤギはかつても今も身近な家畜であることは間違いの無いことである．その愛すべき家畜たるヤギの産み出すミルクや肉を，私たちが美味しく食べようと欲するところに，新たなビジネスチャンスの萌芽が生じている．本稿では筆者が手掛けた調査・実験データを基にして，ヤギビジネスを展開する基礎的な知見を提供したつもりである．このデータに一貫しているのは，産業動物としてのヤギを再認識し，これを畜産経営へと昇華させる地盤は固まりつつあることである．

　さらに近年では小学校においても情操教育を担う学校飼育動物として，ヤギが導入されつつある．子供達が幼少時から最も親しむ動物として，ヤギが取り上げられていること．これが単に愛玩動物ではなく家畜であること，そして家畜である以上，私たちの食に関与する余地があることを学校の場で学ぶ．彼らが大人になり，購買力を身につけたとき，近所のスーパーでヤギ産品を見かけたら思わず

手に取るのではなかろうか.

　着実にしかも堅実にヤギはその裾野を広げている. 本稿に目を通され, 少しでもヤギ産品に興味を抱かれた方は是非, 以下に示す拙稿をご一読いただきたい. 畜産をめぐる6次産業化を図る上で,「台風の目」であるヤギの姿をご理解いただけることと思う. 近い将来, ヤギ産品が近所のスーパーで容易に購入できることを夢見ている.

引用文献

中西正孝　2007. 全国ヤギサミット10年のあゆみと課題. 全国ヤギサミット in 鹿児島発表要旨集. 全国山羊ネットワーク. 6-7.

萬田正治　2000. 新しい家畜復古家畜. JVM 53(1), 60-61.

T.OZAWA, N.LOPEZ-VILLALOBOS, H.BLAIR　2004. A survey of goat meat acceptability in Japan. The Proceedings of New Zealand Society of Animal Production. 64：208-211.

T.OZAWA, N.LOPEZ-VILLALOBOS, H.BLAIR　2005a. Is goat meat acceptable to Japanese youth? The first goat meat taste survey in Japan.The Proceedings of New Zealand Society of Animal Production. 65：256-260.

T.OZAWA, J.NISHITANI, S.ODAKE, N.LOPEZ-VILLALOBOS, H. BLAIR 2005b. Goat meat acceptance in Japan：Current situation and future prospects. Animal Science Journal .76(4)：305-312.

T.OZAWA, N.LOPEZ-VILLALOBOS, H.BLAIR　2005c. Dairy farming financial structures in Hokkaido, Japan and New Zealand. Animal Science Journal 76(4)：391-400.

小澤壮行・田口雄一・木口怜香・ヒュー・ブレア・藤田　優・西谷次郎　2007.ヤギ乳石けんの実効性と将来性―乳用ヤギ飼育定着のために―, 関東畜産学会報　第58巻1号：1-6.

T.OZAWA, K.MUKUDA, M.FUJITA, J.NISHITANI 2009. Goat milk acceptance and promotion methods in Japan -The questionnaire survey to middle class households-. Animal Science Journal 80(2)：212-219.

T.OZAWA, R.TAKADA, J.NISHITANI, M. FUJITA, H.BLAIR 2010a. A comparative analysis of acceptance by Japanese females and price for goat milk from different sources. Animal Science Journal 81(2)：271-275.

小澤壮行・平井智恵・N.Lopez-Villalobos・西谷次郎　2010b.山羊ミルクジャムの試作と受容性―新たな山羊産品による需要開発―, 日本畜産学会報　第81巻第2号：199-205.

第4章
ストップ・清酒離れ 酒造りの技術を活かす

秦　洋二

月桂冠（株）総合研究所

1. はじめに

　清酒醸造とは，酵母と麹菌の2種類の微生物を巧み操り，アルコール20％近い酒を造る技術である．ただこのような技術は，一朝一夕に出来上がったわけではない．我々の先人達が，長年にわたって幾重もの改良・改善を加えた結果，世界で最も高いアルコール度数を持つ醸造酒・清酒を造る方法が確立されたのである．このように長い歴史と伝統を持つ清酒であるが，残念ながらその販売量は年々低下を続けている．日本人の食生活の変化や若年層のアルコール離れなど原因はいくつか考えられている．

　我々は，この清酒離れに歯止めをかけて，清酒市場の拡大するための新商品開発を続けるとともに，この清酒醸造技術を他の産業分野へ応用することも目指している．清酒復興の取り組み

図1　伝統的発酵技術で製造される清酒

と清酒醸造技術の新展開について紹介したい．

2. 清酒の長所を見直す

(1) 清酒離れについて

　日本の高度成長時代に伴い，清酒の国内消費量は右肩上がりに上昇し，昭和50年にはその課税移出数量は1,747千KLにまで達し，まさしく清酒＝日本を代表する酒の時代であった．しかしその48年をピークに清酒の売上は毎年減少し，平成23年には603千KLにまで落ち込み，最盛期の1/3にまで縮小することになる（図2）．この「清酒離れ」の原因につては，日本人の食生活の洋食化，酒類の多様化，健康志向による低アルコール酒類へのシフトなど様々な要因が考えられているが，やはり従来の「清酒の味わい，飲み方」が，消費者の支持を受けづらくなっていることが最も大きな要因である．またここ数年は，清酒だけでなくアルコール飲料・酒類全体の消費量も，減少傾向にあり，「酒離れ」も危惧されるようになってきている．このような，清酒離れ，酒離れを食い止めるべく，現在様々な取り組みが実施されている．

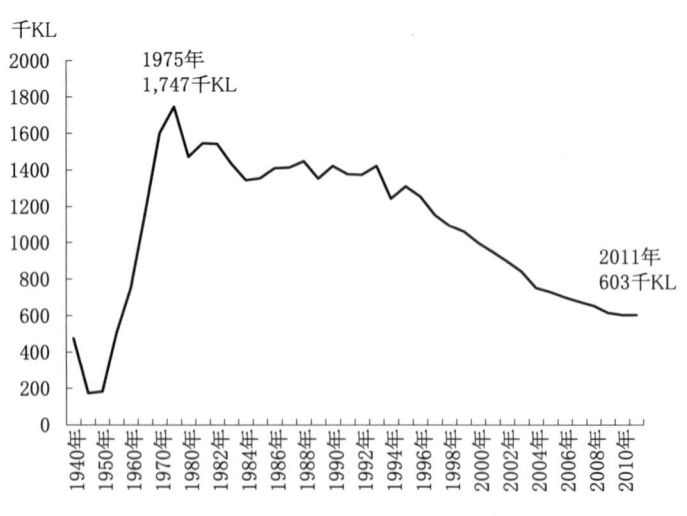

図2　清酒の課税移出数量の変化

(2) 清酒を盛り上げる活動

2012年5月に国家戦略推進室において「Enjoy Japanese KOKUSHU（國酒プロジェクト）」が立ち上がり，清酒・焼酎を我が国の國酒として，海外に向けて積極的にPRする取り組みが開始された．日本酒・焼酎を紹介する広報活動から，国内外での様々なイベントを通じて，國酒の認知度の向上と輸出拡大を目指すものである．また昨年の10月には，日本酒中央会が政府の後援を得て，成田など四つの国際空港の免税エリア内に，日本酒・焼酎の試飲・販売の特設ブースを設置した．日本を訪れた外国人に，日本酒の製法や飲み方を紹介するとともに，その醸造元である酒蔵の見学方法なども案内している．これらの取り組みは，國酒の理解を深めるだけでなく，クールジャパンに代表される日本文化の宣伝につながり，日本ブランドの向上に繋がると期待されている．

また，弊社の本社，工場が立地する京都市においても，非常にユニークな取り組みが開始された．2013年1月15日に日本酒で乾杯することを推進する「清酒普及促進条例」が施行されたのである（図3）．日本酒で乾杯する習慣を広めることを定める理念的条例なので，法的拘束力は含まれないが，地元京都での日本酒の需要喚起の大きく貢献している．このような乾杯条例は，京都市で施行後，またたく間に多くの地方自治体でも成立することになった．

さらに，2013年12月には，「和食」がユネスコの無形文化遺産に登録されることが決定した．和食と日本酒は切っても切れない縁続きで，和食の文化遺産登録と日本酒の需要促進の取り組みと間で強いシナジー効果を生まれることが期待されている．これまで長年にわたる市場縮小傾向に悩まされて清酒業界にとって，大きなチャンスが到来したと考えて

図3 京都市施行された清酒普及促進条例のPRポスター

いる.

(3) 清酒のエントランス

　20歳を過ぎて始めてお酒と触れ合う若者にとって，一升瓶に入った清酒はなかなかとっつきにくい．ワインであれば，まず甘口の白ワインから始めるように，そのお酒に近づくための「エントランス」が必要である．一方，最近はRTD (Ready to Drink)という名前でカテゴリー化されている炭酸を含むリキュールやスピリッツが，チューハイ，カクテル，ハイボールなどの名称で，市場を賑わしている．いずれも非常に飲みやすく，はじめてお酒を飲むエントランスとしては，なかなか優れた味わいであると思われる．さらに酒類全体の売り上げが減少する中，このRTDの売り上げは着実に伸長しており，20代の酒類ビギナーから30代～40代の男女まで，幅広くファン層を広げている．RTDの場合は，原材料の果汁や原酒を様々に変えることや，アルコール度数やカロリー・熱量などの成分を調整することが，比較的に容易であることから，消費者ニーズに合った商品開発が迅速に行える利点が功を奏している．

　このような酒類市場の中で，清酒においてもなんとか消費者に「近づいて」もらうための努力が進められている．低アルコールの清酒や発泡性の清酒から，果汁と混合したリキュールなど各社の工夫を凝らした商品が開発されている．ただこれらの商品の購買を通じて，より本格的な清酒の購入に進んでもらうことが目的であるため，その味わいの中には，清酒らしさをしっかりと残している商品が多いのも特徴である．

(4) オフダメージの清酒

　近年の健康志向に伴い，さまざまな機能性を謳った食品が市場を賑わしている．酒類においても，カロリーオフ，糖質カットなどよりダメージの少ない商品が開発されている．ただし，清酒の場合は，酒税法によって，原料として使用できるものが制限され，製造方法についても変更できる工程が非常に少ない．その中で，原料処理や発酵方法を工夫して，糖質ゼロの清酒が開発され，市場で高評価を得ている（犬童・堤　2009）．

　清涼飲料水では多くの糖質ゼロが開発されているが，その製造方法として原材料に糖質を加えなければ，糖質ゼロの飲料を作ることができる．しかし，清酒のよ

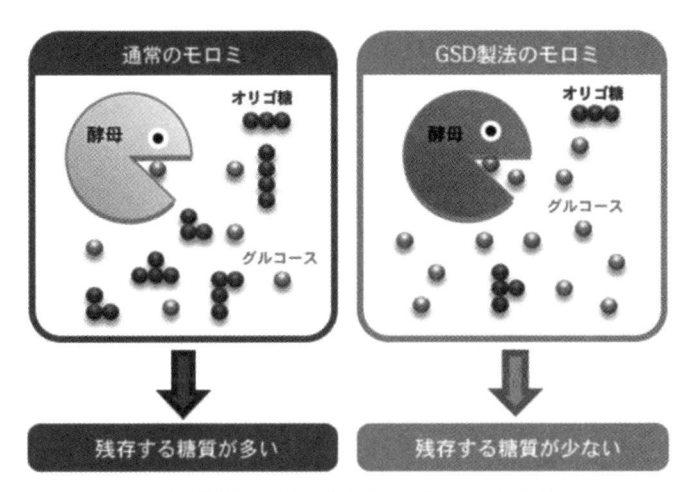

図4 糖質スーパーダイジェスト（GSD）製法

うな醸造酒の場合は，もともとの原材料がデンプンなどの糖質であるため，その原材料の糖質をすべてアルコールなどに変換しないと糖質をゼロにすることはできない．先述のように清酒醸造はアルコールが 20%近くまで発酵するため，その高いアルコール存在下の中，残存する糖質を酵母がすべて資化することは，なかなか難しいことである．またもろみ中の糖質変換酵素により，分岐オリゴ糖や糖アルコールなどのような酵母が資化しにくいような糖質も存在する．このような厳しい条件の中，仕込み条件の変更と醸造用酵素剤の使用により，清酒中の糖質を 0.5%以下になるような製造条件を確立することができた．「糖質スーパーダイジェスト（GSD）製法」（特許 4673155 号）である（図4）．

また糖質以外のエキス分の濃度をあげることによって，甘みがなくとも旨みがのこるような製造法となっている．1998 年発売来，毎年売り上げを伸ばし，2013 年は発売当初の3倍を超えて 2,000KL 以上の出荷が予想されている．

3. 清酒醸造を異業種へ利用

(1) 清酒醸造技術に含まれる革新技術

　清酒醸造の歴史は 2000 年以上遡ることができる．最初は唾液アミラーゼを分

解酵素として用いる「口噛み酒」が起源とされており，祭事とも利用されていたことが弥生時代の遺跡の発掘調査から明らかとなっている．ちなみに，醸造の「醸す（かもす）」という文字の語源は，「噛む（かむ）」に由来するとされている．その後にいくつかの技術革新を経て，現在の清酒醸造法が確立されることになる．東アジアの酒造りの中で清酒醸造は，カビの糖化酵素を利用する点などいくつかの共通点はあるが，原料米の処理方法や使用する麹菌の菌株，麹菌の培養方法などは他の醸造方法と大きく異なり，日本独自に発展，形成されてきた製造方法と考えられている．

このように我が国独自に発展してきた清酒醸造技術の中で，特に革新的な技術開発について紹介する．一つは，「酒母」と呼ばれる清酒酵母の純粋培養方法である．近代的な微生物管理技術が確立するまで，酒造りにおいて酵母を純粋に培養することは極めて難しく，常に雑菌や野生酵母の汚染の危機にさらされていた．たとえば焼酎醸造では，発酵したもろみの一部を次の仕込みの種（シード）とする「さしもと」によって，できるだけ酵母の純度を下げないような工夫がなされている．一方，清酒醸造においては，1000年以上も前から「さしもと」をせずに，毎回新しく酵母を培養する「酒母」造りが定着している．適度な撹拌により半嫌気状態にして，温度を適切に管理することにより，硝酸還元菌，乳酸菌が生育しやすい環境を作り出すことによって，清酒酵母だけが優先的に生育できる状況が生み出される（図5）．これらの技術はすべて試行錯誤による経験則から生み出されたものであり，我々はその理屈を科学的アプローチが可能となった後世になってはじめて知ることになる．

もうひとつの革新的技術開発は，「火入れ」と呼ばれる低温加熱殺菌法である．興福寺の塔頭の多聞院に残る「多聞院日記」の中に，清酒製造法が詳しく記載されている項目がある．当時（1560年）の酒造りの技術を知ることができる貴重な資料である．その中に，清酒を腐敗から防ぎ，品質を安定にするために，出来上がったお酒を大釜で加熱してから貯蔵することが記述されている．この方法は，「火入れ」と呼ばれて，その後各地域の酒造りで広く採用されることになる．ただこの加熱によって雑菌を殺菌する技術の発明者は，1866年にワインの品質を劣化させる微生物を殺菌する技術を発明したルイ・パスツールとされている，今でも100

図5 清酒酵母を純粋に培養する方法（酒母造り）　もとすり工程

度以下の低温で殺菌する方法は，発明者の名前をとって「パスツリゼーション」と呼ばれている．低温殺菌法については，パスツールに遡ること300年も前から日本で実践されてきたが，その発明者になることができなかったのは，その技術の理屈を科学的に証明しなかったこととされている．非常に残念である．日本は基本的には，一国家，一民族，一言語の Nation State といわれている．一方，ヨーロッパのような多民族国家では，相手を「理屈」で納得させる必要がある．理屈で納得させなくても，技術が広まることがかえって仇となったのかもしれない．

　その他にも，カビを蒸米のような固体原料の上に生育させて，原料分解に必要な酵素を分泌生産させる技術「麹造り」，原料を3回に分けて別々に投入するこ

とによって酵母の増殖に合わせた拡大培養を行う技術「三段仕込み」など，世界に先んずる多くの技術開発を達成してきた．この経験則で積み重ねられた清酒醸造技術の中には，まだまだ我々が気づいていない多くの知見が含まれている．これらの知見は，清酒醸造の理論解明，技術発展に貢献するだけでなく，これらの技術を清酒以外に利用し，発展させることも可能である．清酒醸造の異業種への取り組みとして以下を紹介する．

(2) 醸造食品の機能性（秦・大浦，2013）

人類が，微生物を使って食品を加工する「醸造技術」を手に入れてから，2000年以上の歴史を持つ．例えば穀類を醸造すると，原料中に含まれるデンプンや蛋白質といった高分子成分が，グルコースやアミノ酸などの低分子にまで分解され，これらの栄養成分がより吸収されやすい食品へと変換される．いわゆる食品の一次機能の向上である．また味噌や醤油のように醸造過程を経る事により独特の風味・香味が得られ，調味料として食品を「美味しくする」ことへも貢献できる．清酒やワインのような酒類においては，糖分がアルコールに変換されることにより，人類の快感のひとつである「酔い」を与える食品にもなる．したがって醸造

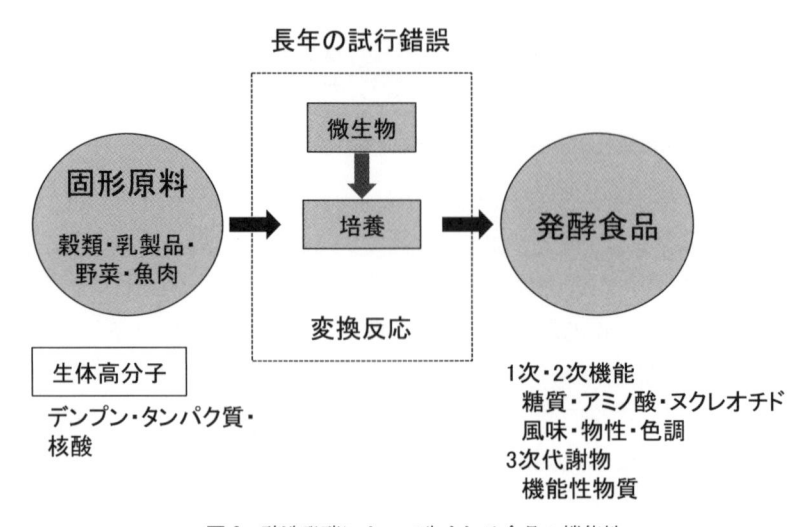

図6　醸造発酵によって生まれる食品の機能性

技術は，食品の二次機能をも大きく向上させることができるのである．例えば納豆を例に取ると，大豆を納豆菌によって発酵させることにより大豆蛋白の消化性が向上するばかりでなく，納豆独特の物性・風味が嗜好特性に働きかけて，より美味しく摂取できるようになる．このように，醸造技術は食品の一次機能と二次機能の両方を同時に向上させる素晴らしい技術と考えられる（図6）．

一方近年の機能性研究から，醸造食品の三次機能についても着目されるようになってきた．昔から「酒は百薬の長」と言われるように，醸造食品の一種である酒類には，様々な薬効があると信じられてきた．これらの醸造食品の機能性について，各種の動物実験や作用機作に関する研究から，科学的根拠が実証され，その関与成分が次々同定されている．これらの機能性成分は，原料成分の分解物であったり，微生物の代謝産物であったり，いずれも醸造工程の微生物の働きで生み出される成分がほとんどである．以上のように，醸造技術は食品の三次機能をも向上させることが分かってきた．

醸造食品の機能性の特徴の一つに，長い食経験に裏付けられた安全性が挙げられる．醸造技術とは，微生物学といった科学的アプローチが開発されるはるか以前より，試行錯誤によって積み上げられ，完成した微生物培養技術である．生産量が低いもの，美味しくないものがこれらの過程で淘汰されてきたと同様に，人体に悪影響を及ぼすものも自然に排除されてきたと考えられる．例えば清酒や醤油で使用される麹菌について，同属のではアフラトキシンのようなカビ毒を生産するものがあるが，これらの菌株は全く生産しない．そして近年のゲノム研究から麹菌には，アフラトキシンを生産する遺伝子群が大きく欠損しており，突然変異などによって生産性を獲得する可能性がほとんど無いことが証明されている．そもそも，日本人は清酒や醤油を1000年以上もこよなく摂取し続けているが，いまだに重篤な毒性が報告された例はない．

(3) 清酒醸造から機能性食品を生み出す（酒粕ペプチド）

このような清酒の機能性研究の開発事例として，酒粕を分解したペプチドを利用した例を紹介する（入江ら，2006）．

アンギオテンシン変換酵素（ACE）は，血圧上昇を制御するキーエンザイムであり，血圧制御を車の運転に例えるならば，アクセルとしての機能を持つ．したが

って, この ACE の活性を阻害することにより, 血圧の過剰な上昇を防止することができる. ACE 阻害活性は, イワシやカツオなどの魚類蛋白や乳性蛋白の分解物したペプチドに効果が認められ, 既に特定保健用食品として利用されているものもある. 斉藤らは, 酒粕及びその分解物に ACE 阻害活性があることを見出し, 9種類の関与成分を単離し, その配列を同定した. さらに, 高血圧自然発症ラット（SHR）に対して, これらのペプチドを投与したところ 4～6 時間後に, 有意な血圧降下が認められ, 血圧上昇を抑制する効果が実証された.

次にこれらのペプチドの配列を DDBJ のデータベースにて検索したところ, グルテリンやプロラミンなど米蛋白に一致する配列を見出した. すなわち, 清酒の原料米のタンパク質が, 麹菌や酵母の代謝活動によって, 機能性ペプチドとして分解生成されたものと考えられた. そこでこの酒粕由来のペプチドの食品素材における応用性を検討するため, 酒粕をプロテアーゼ分解し, 溶液を乾燥させたペプチド粉末を調製した. このペプチド粉末を用いてヒトにおける有効性の確認を行った.

摂取開始 4 週間で収縮期血圧, 拡張期血圧ともに有意に低下し, 拡張期血圧は, 摂取終了 1 週間後にも血圧低下の効果が持続した（図 7）. この結果, 被験者の収縮期, 拡張期血圧の平均値は, いずれも正常値とされる 90～139 mmHg あるいは ＜90 mm の範囲内にまで下がることが明らかになった. 酒粕分解ペプチドは植物性食品で臭いが少なく, またアミノ酸など発酵成分が豊富であるため呈味性がよく, ペプチド特有の苦味をマスクできる特徴を示す. 酒粕ペプチドは, 血圧上昇抑制という三次機能だけでなく, よりおいしく摂取できる二次機能も併せ持つ機能性素材と考えられる.

図 7 酒粕ペプチドを用いたヒトモニター試験

週間	摂取前 0	摂取中 1	2	3	4	摂取終了 5	6
収縮期血圧（mmHg）	144.6	143.2	140.4	139.6	137.6*	139.2	138.8
拡張期血圧（mmHg）	90.5	90.6	89.0	89.4	85.8*	85.7*	88.7

n＝7名, 摂取量は2000mg/日.
*p＜0.05

このように酒粕分解ペプチドを機能性食品素材として利用することに成功したが，ここにはゲノム情報が非常に重要な鍵を握っている．ゲノム情報探索により，ACE 阻害ペプチドがいずれも米蛋白の分解物であることが推定されたことにより，その安全性が大きく担保されたと考える．これらのペプチド由来が分からなければ，ヒトモニター試験などでのペプチド摂取については，安全性の課題が残されていたかもしれない．「酒は百薬の長」と言われるように，昔から酒類には，単に酔っぱらうだけでなく，何らかの効果・効能があることが経験的に知られている．我々は清酒やその副産物から，血圧上昇抑制，抗肥満効果，肝機能保護効果など様々な機能性を持つ物質を単離した．そしてそれらのほとんどが，コメの成分を原料とし，酵母や麹菌による代謝活動によって，清酒醸造中に生産される物質であった．まさしく米は百薬の長ではなく酒は百薬の長である．

(4) 清酒醸造から化粧品

　清酒醸造に携わる職人である「杜氏」は，年齢の割には肌ツヤが良く，手のひらは白く美しいといわれている．これらの経験則を用いて，清酒から様々な美白効果，保湿効果，アンチエージング効果が期待される物質の探索が進められている．我々は，逆に清酒醸造で米麹が黒くなる現象を利用して，男性の白髪を染める新しい染毛料を花王（株）と共同研究で開発した（中村ら，2012）．

　清酒業界では昭和初期に，酒を搾って得られた酒粕に黒い斑点が生じる「黒粕」現象が問題となった．この「黒粕」の原因は麹菌 *Aspergillus oryzae* のチロシナーゼの作用により生じるメラニンであることが明らかとなり，その後はチロシナーゼ活性の低い麹菌株を選抜するなどで黒粕問題はほぼ解決した．さらに 1990 年代に入ると麹菌の遺伝子解析が進められ，米麹のような固体培養で特異的に発現するチロシナーゼ遺伝子 *melB* が単離され，「黒粕」の原因を遺伝子レベルでも証明することができた．ただ遺伝子が単離できたことにより，メラニン生成を抑制するだけでなく，逆に意図的にメラニンを大量に生産することも可能になった．このチロシナーゼによって生成されるメラニンは，我々の毛髪のメラニン色素とまったく同じ構造を持っており，このメラニンを用いて白髪を染める新規染毛料の開発の可能性が示唆された．これまでの白髪染めは，化学合成染料や天然物由来の染料が配合されており，人体にとって異物である．もしこのメラニンで

白髪を染めることができれば，本来の黒髪が持っている同じ成分で着色できるため，より自然な染毛が可能となる．

しかしながら，高分子化合物であるメラニンは，毛髪のキューティクルを浸透することが困難で，これだけで毛髪を染めることはできない．そこでメラニンはインドール環を有する前駆体が，酸化重合して生成される高分子化合物である特徴を利用して，メラニン前駆体を用いて髪の毛を染める技術を開発した．図8に示すメラニン前駆体は，酸素存在下で容易に酸化重合するため，酸素遮断した状態で保存したメラニン前駆体を毛髪に浸透させれば，毛髪内で酸化重合した高分子メラニンが生成する．

このように毛髪内部で高分子化したメラニンは，逆に毛髪内から外部に溶出す

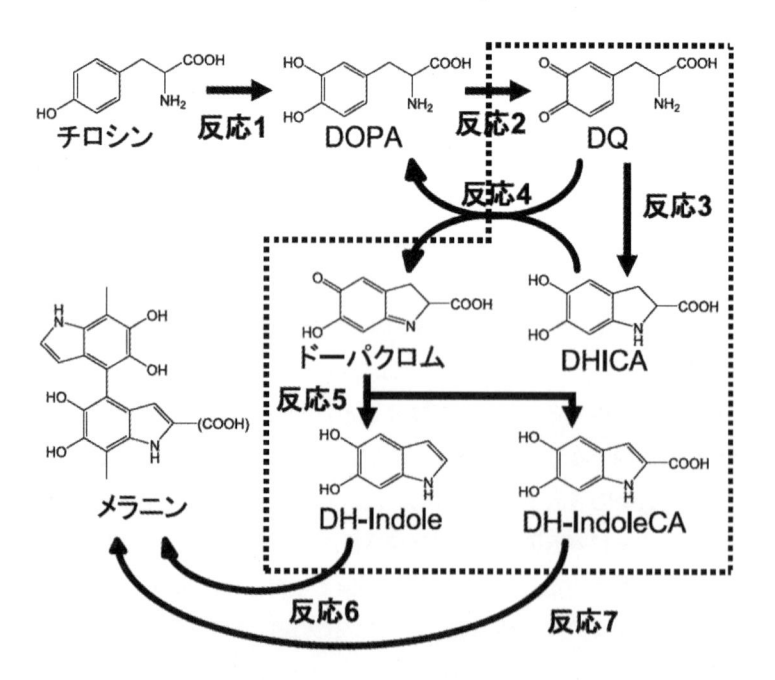

図8 図4．メラニン生合成経路．DOPA, β- (3,4-ジヒドロキシフェニル) アラニン；DQ, ドーパキノン；DHICA, 5,6-ジヒドロキシインドリン-2-カルボン酸；DH-Indole, 5,6-ジヒドロキシインドール；DH-IndoleCA, 5,6-ジヒドロキシインドール-2-カルボン酸．本研究では点線枠内の成分を「メラニン前駆体」と呼ぶ．

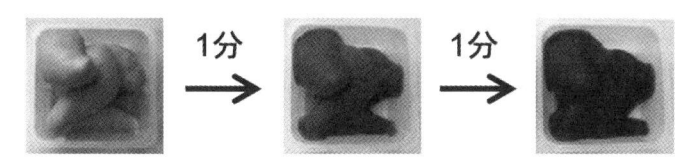

図9　エアゾール容器から空気中に出された「メラニン前駆体配合」染毛料フォーム

ることができない．まさしくメラニン前駆体のみで，毛髪内にメラニンを生成させる技術である．

　メラニン前駆体は，空気中の酸素に触れることにより，速やかにメラニンへと重合することは，髪の毛を染めるためには，非常に有用な性質であるが，逆にこのような不安定な物質を大量に生産し，これを染毛料として活用することは，さまざまな困難が待ち受ける．まず DOPA を原料として，麹菌チロシナーゼ遺伝子を組み込んだ清酒酵母を触媒として，メラニン前駆体にひとつであるジヒドロキシインドール（DHI）の大量生産を試みた．基質濃度，酵素量，反応温度を最適化し，反応中の酸素濃度を厳密に管理することにより，DHI を大量に蓄積するバイオコンバージョンを確立することができた．その後は，pH を調整し適切な造粘剤ともエアゾールタイプの染毛料を開発することができた．酸素遮断したエアゾール容器に充填された染毛料においては，容器からスプレイしたフォームは数分の間で白色から黒色に変化し，短時間にメラニン前駆体から酸化重合したメラニンが生成されることを確認した（図 9）．これまでの染毛方法であるヘアカラーやヘアマニュキアに比べて，頭皮や毛髪へのダメージが小さく，毛髪以外の部分を染色することも少なく，まさしく人体に優しい染毛料となった．

　このように清酒醸造の分野では不必要な成分であるメラニンを，その生成経路を明らかにすることにより，化粧品分野という異分野で積極的活用する技術が確立できたことは非常に有意義である．今後も清酒醸造で培われてきた技術を酒造りだけでなく，他方面に応用する取り組みが必要である．我々の先人が 2000 年以上かけて作り上げてきた清酒醸造の技術を，さらに幅広い分野で活用できるよう努力することは，我々の責務であると考えている．

おわりに

このように清酒業界では,現状の清酒離れを食い止めるため,様々な方面から取り組みを進めている.ただこの取り組みを成功させるためには,まず我々自身が元気にならなければならない.また,このような元気な業界に,みんなが入ってみたいと思ってもらわなければならない.そして,我々が造るお酒を飲むことが「カッコ良い」と思ってもらわなければならない.まだまだ取り組みは尽きないが,清酒復権のため今後一層の努力を続けていきたい.

参考文献

入江元子・大浦　新・秦　洋二　2006,酒粕中の血圧上昇抑制効果を持つペプチドと機能性食品素材への展開,日本醸造協会誌 101, 464-469
犬童雅栄・堤　浩子　2009,「糖質ゼロ　清酒」の開発,日本生物工学会誌 87, 448-449
中村幸宏・山中寛之・秦　洋二・江波戸厚子・小池謙造　2012,麹菌チロシナーゼで製造したメラニン前駆体による新規染毛料の開発,日本生物工学会誌 90, 115-121
秦　洋二・大浦　新　2013,清酒の機能性,北本勝ひこ 編,増補・醸造物の機能性,日本醸造協会,東京,4-11

第5章
エビの陸上養殖最新動向

野原節雄
株式会社アイ・エム・ティー専務取締役技術統括

　日本へ毎年25万トン以上輸入されているエビは,東南アジア諸国で深刻な環境問題（餌の食べ残しや排泄物による海洋汚染,マングローブ林の伐採など）を引き起こしている．また,昨年中国,ベトナムで発生した新たな疾病（Early Mortality Syndrome：EMS）の蔓延により,その生産量は減少し,不安定な産業となりつつある．その為,環境への影響を最小化し,安全で持続可能な養殖エビを生産できる,実用レベルの技術開発を産官コンソーシアムで進めて来た．テーマは4つあり,①生理学的研究によるバナメイ淡水養殖技術の確立,②エビのストレス評価・低減技術の開発,③高密度循環式エビ生産プラントの開発,④水質を悪化させない低価格餌料の開発である．この研究成果に基づき,2007年から稼働している新潟におけるの実証プラントの経過と課題,及び世界で行われているエビ陸上養殖の現状について紹介する．

1. 世界の養殖業の伸び

　1990年から2009年までの19年間で,世界の養殖産業は生産量,生産額ともに年率8％の伸びを示している．2009年では養殖業は1,100億ドル産業に成長している．この背景としては2000年に61億人の人口が2050年には90億人と言われている,人口増大に伴う食糧生産量増大の必然性と,穀物生産量の拡大が,限界に達しようとしていることが要因として挙げられる．
　また,狂牛病や鳥インフルエンザなどの影響から,肉よりもヘルシーな動物性

タンパクとして魚の需要が喚起され，健康志向による世界的な魚食ブームが後押ししている．

新興国に於いても生活が豊かになると，穀物よりも肉を食べ出す傾向が強い．しかし，牛肉1Kgを生産するには11Kgの飼料が必要だし，豚肉でも1Kgに対して7Kg，鶏肉でも4Kgの飼料が必要となる．（とうもろこし換算）これを上記の人口の伸びに，肉食の増加要素を加味すると，2050年では2000年の2倍以上穀物が生産されないと，穀物，肉の需要は賄えない計算となる．しかし，穀物生産は，耕

表1　世界の養殖業の推移（FAO 統計）

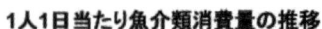

養殖全体	1990	1995	2000	2005	2009	2009/1990	伸び率(/年)
養殖生産量(t)	16,840,078	31,232,447	41,723,758	57,825,241	73,044,604	4.34	8%
養殖生産学(1,000 US$)	27,167,197	44,126,958	52,899,513	72,995,975	110,149,041	4.05	8%
養殖単価(US$/kg)	1.61	1.41	1.27	1.26	1.51		

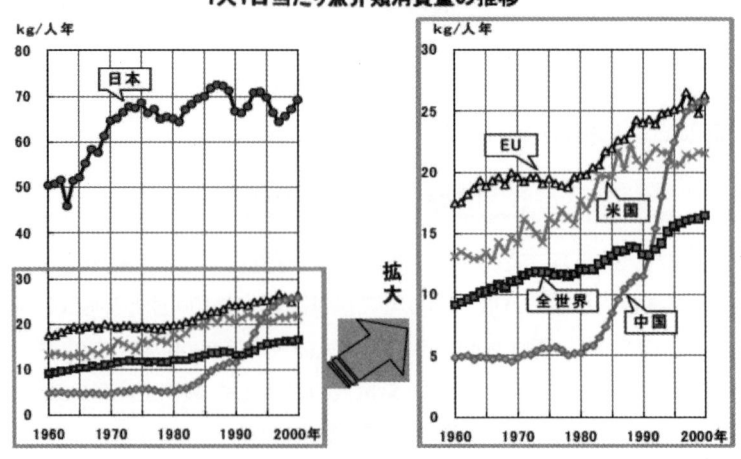

図1　我が国と世界の水産物需給（平成19年水産庁）

地面積の拡大が限界になってきており，また単収アップの技術も遺伝子組み換えなど，特別な技術以外は限界となっている．

2. 陸上養殖に適した魚種の選定

海面養殖とは違い，いろいろな経費（電気代，光熱費，建家，プラント等）や制約のある陸上養殖では，それに適した魚種を選定しなければ，事業として成り立たないと考えている．

その条件とは

- 原則1年未満で生育する，成長の速い魚種．（生産コストの軽減と，各種リスクの軽減）
- 飼料効率の良い魚種．（小魚資源の枯渇防止と，コスト軽減を考えると増肉係数が2以下）
- 稚魚が年間を通じて，安定的に手に入る魚種．（特に特定病原菌のないSPFの稚魚が入手できれば，病気リスクを回避できる）
- 可能な限り付加価値の高く，市場性が広い魚種．（現状では，池渡し価格が1,000円/kg以上でないと，エネルギー費の高い日本では採算に合わない）

3. なぜエビを選定したのか？

前述の魚種選択理由でも述べているが，日本に於けるエビ輸入量は，加工品を合わせれば年28万トンと大きな市場を持ち，付加価値も高く，季節に左右されず売れる食材である．また，全体の消費量の90％以上を輸入に頼っているので，既存漁業者との競合が少なく，日本の食料自給率向上にも貢献できる食材となりうると考えた．

写真1 生産しているバナメイエビ

表2 エビ養殖の推移

エビ養殖	1990	1995	2000	2005	2009	2009/1990	伸び率(/年)
養殖生産量(t)	680,255	928,281	1,136,953	2,667,614	3,004,802	4.42	8%
養殖生産学(1,000 US$)	4,224,209	6,055,871	7,161,168	10,430,824	14,647,123	3.47	7%
養殖単価(US$/kg)	6.21	6.52	6.30	3.91	4.87		

　世界的に見ても，エビ養殖は養殖全体の13％（2009年）を占める，大きな産業となっている．

　エビの中でも我々が生産しているエビは，南米エクアドルが原産のLitopenaeus vannamei（別名：太平洋白エビ）という種である．現在5種類のウィルス性病原菌がいない**SPF稚エビ**が，年間を通じて安定的に入手できる唯一の種類である．

　通常河口近くの汽水域に生息しているため，淡水でも海水でも育成が可能なため，内陸部の海水が手に入らない地域でも育成が可能となる．また，ほかのエビに比べて成長が早く，稚エビ（0.002g）から約4か月で15〜18gの収穫サイズとなる．クルマエビやブラックタイガーと違い，砂に潜らなくても育つため，魚と同じように水槽で泳がして育てることが出来る．その為，砂などに沈殿物（糞，残餌等）が入り込まず，固形物のまま外部に吸い出すことが可能なため，水質管理が容易で，高密度養殖に向いている種といえる．現在世界で生産されている養殖エビの内，バナメイエビは70％を越す，最も一般的な種となっている．

　案外知られていないことであるが，閉鎖循環式の陸上養殖は，食物生産で最も水を使用しないで生産できる方式である．それは他の食物は育成過程で，動植物が水を消費してしまうが，魚やエビは水槽に水は必要とするが，魚介類そのものが水を消費するわけではない．畜産では，牛の場合 1Kg の肉を生産するのに 72,300*l* の水を消費すると言われている．一番少ない鶏でも 3,000*l* /Kg 必要であ

る．農業においては米で3,600 l/Kg, 小麦でも2,000 l/Kg必要である．
我々が行っているエビ生産においては, 東南アジアで行われている外部の池方式では10,000/Kgも必要とするが, 屋内型エビ生産システムでは315/Kgと, 非常に水を使わない生産方式となっている．

4. 開発体制（産官連携での推進）

本システムの開発は, 先行していたアメリカを参考に, 産官連携体制で当初から開発を進めてきた．その目的は, 日本で大量消費されていながら, 自給率が10％に満たないエビ類の国産化技術を開発し, 安全な食料自給の実現に貢献することである．そのために高密度循環式バナメイエビ生産システムを構築し, マニアルに基づく飼育方法・ストレス低減対策, さらに高密度養殖に適した, 植物性たんぱく質を利用した低環境負荷の専用飼料も開発する．バナメイエビ養殖では, 世界最高水準の高密度（10Kg /m^3）を通年で実現し, 安定的な事業推進が図れるようにすることを掲げた．開発コーディネーター：マーシー・ワイルダー博士（(独)国際農林水産業研究センター）を中心に, システム開発をアイ・エム・ティー, ストレス評価・軽減方策を（独）水産総合研究センター増養殖研究所, 最適な餌を

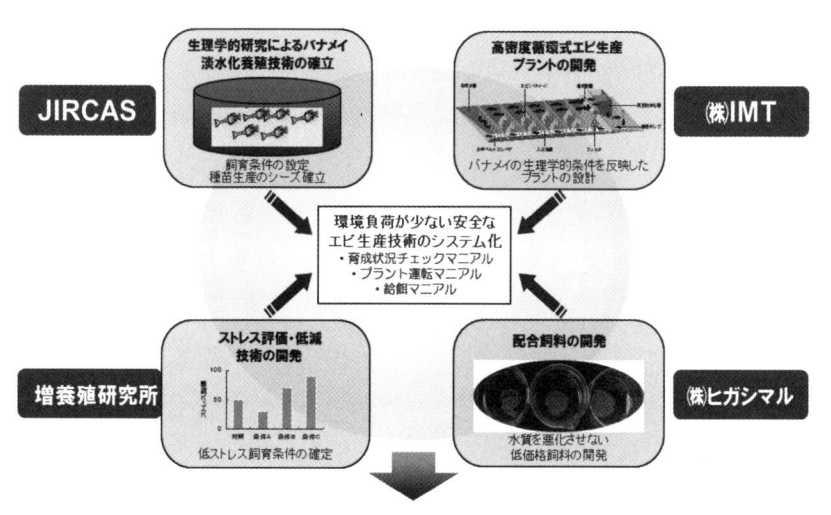

図2 研究開発推進体制

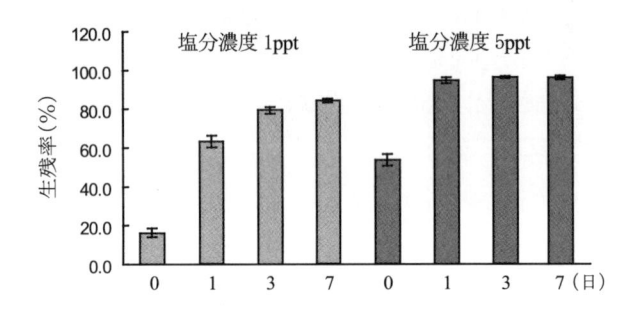

図3 各低塩分水への馴致期間と稚エビ生存率の関係

ヒガシマル, 成熟・孵化技術をマリンテックのエンソーシアムで推進した. その主要な成果は

① ナメイエビの浸透圧調節機構を調べ, 稚エビに最適な低塩分育成水（塩分濃度 5 ppt, 硬度 1400 ppm）のほか, 低塩分育成水への最適馴致期間（5 ppt の場合, 1日以上が必要）（図3）を見出した.

② バナメイエビの生殖機構解明の一環として, 眼柄由来のペプチドを詳細に解析した結果, 7種の卵黄形成抑制活性を保持するペプチドを明らかにした（図4）. この結果に基づき, 卵黄形成抑制ホルモン（vitellogenesis-inhibiting hormone：VIH）の同定に成功し, ホルモン投与等による親エビの人為催熟技術の開発に取り組んだ. また, 国内でのエビ類生産の安定化を図るため, 種苗生産技術のシーズ開発を試みて, 親エビの成熟誘導に成功した（図5）.

③ 密度循環式エビ生産プラントを開発するに当り, バナメイエビの各成長段階における最適な水温, 酸素消費量（図6：クルマエビの3倍）, 流速, 水質を解明し, エビ生産

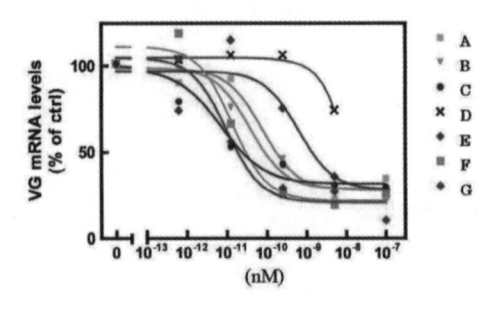

図4 バナメイ眼柄由来の7種（A〜G）ペプチドの卵黄形成抑制活性

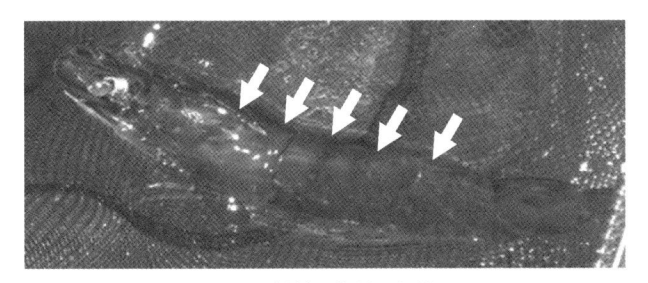

図5　人工授精に使用した親エビ
（矢印は成熟した卵巣を示す）

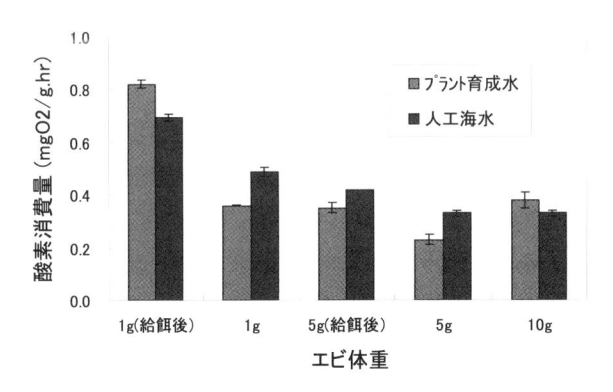

図6　バナメイの酸素消費量（0.4〜0.5mg/g・h）

システム（図7）を設計し特許を取得した．
④プラント機器（造波ゲート，マイクロスクリーン，沈殿物排除装置，酸素混合器，人工海草，低揚程大流量循環ポンプ，収穫用四手網など）を独自に開発製作し，これらを利用した事業規模での実証プラントを建設した．実証プラントでは，最終生存率58.9%，密度9.43kg/m^3を実現している．また，プラント運転は素人でも可能な様に，各種運用マニュアル類の整備を行い，現地での教育に利用している．
⑤バナメイエビのストレスを，病気への抵抗力を中心に評価した．バナメイエビに溶存酸素低下，アンモニア濃度増加，絶食，ハンドリング等のストレスを与えると，生体防御関連遺伝子の発現量が増減することから，遺伝子発現量によっ

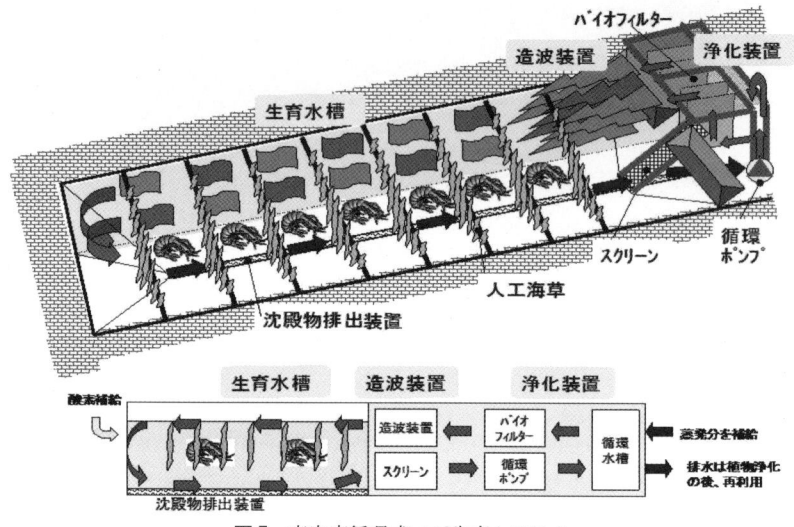

図7 高密度循環式エビ生産システム

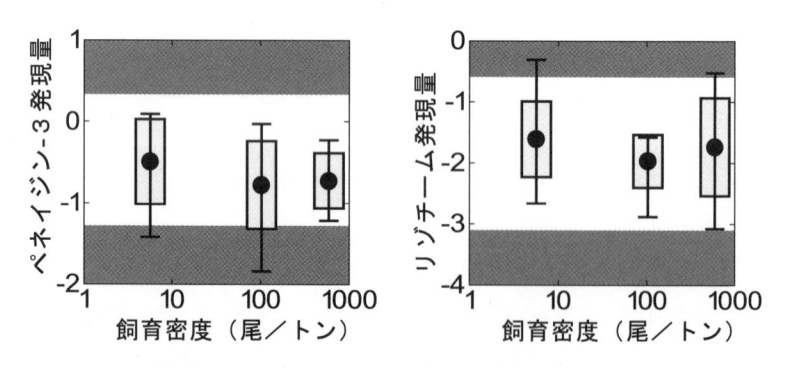

図8 実証プラントで育成したエビの飼育密度とストレス指標
(黒丸は平均値,黄色四角は標準偏差,棒は範囲.飼育実験で求めたストレス指標の適正範囲外を図中に赤色で表示.発言量をβ-アクチン発現量との相対値にして対数表示.)

てストレスを評価できる.その結果をもとに,実証プラントでの育成試験について飼育密度とストレス指標の関係を調べたところ,目標とする高密度水準(1000尾/トン)で育成しても,水質管理が適切に行われていればストレスは適正範囲に保つことができる(図8).

⑥バナメイエビの基礎的栄養要求量を解明し，低塩分育成水での育成環境を勘案して，バナメイエビ育成用の基本飼料組成を決定した．またこの基本飼料のタンパク質の組み合わせ検討や，植物性タンパク量を増やすなどの工夫により，飼料の低価格化を実現するとともに，増肉効果の高い経済的飼料組成を確立した．粘結剤を検討することにより，餌の水中保形性向上が向上し，飼育水の水質安定，劣化防止に貢献した．

と，各々の得意分野ごとに研究し，トータルシステムとして完成させた．システム特許を2007年，育成・健康管理に関するソフトも2010年に特許を習得している．また，2009年には産学官連携推進功労者として，農林水産大臣賞も受賞している．研究は生物系特定産業技術研究支援センターより8年間委託研究費をいただき進めてきた成果である．

以上コンソーシアム各機関の知見を全て統合し，商業レベルのエビ育成マニュアルを作成，それに基づいて実証プラントにおいて育成実験を行った上で，平成19年9月より，商業運転も開始，平成19年12月より「妙高ゆきエビ®」として地元を中心に販売を開始した．

5．システムの特徴

新潟県で稼働中の実証プラントは20トン初期育成水槽4基，600トン育成水槽2基で，年間6回，約30トンの生産を行っている．その技術的特徴は以下の通りである．

写真2　実証プラント外観

写真3 プラント内部 600トン水槽×2基

1) 優れた水循環技術

　従来の陸上養殖で行われてきた、水の水平循環方式では電気代が嵩み、日本では事業として成り立たない。そこで、波の力による水の垂直循環と、省エネルギーな低揚程大流量なバーチカルポンプを開発し、従来の1/10のエネルギーで、水の循環と撹拌を行い、水槽内の環境を均一にコントロールしている。

2) マイクロスクリーンと人工海草による浮遊物の除去及び共食いの防止。

　人工海草を水槽内に設置することで、脱皮直後の運動能力が低下したエビの隠れ家を提供し、共食いの防止に役立っている。また、人工海草は、それ自体が生物濾過媒体として機能し、浮遊物を吸着し、水の浄化を行う。

3) 微生物による水質浄化を、安定的に行うプロバイオテックの利用。

　浮遊亘体（800m^2/m^3）をブロアーにより浮遊させ、水との接触時間を多くすることにより、効果的な生物濾過を実現している。また定期的に硝化菌の投入とプロバイオテックによる優勢菌種の育成を行うことで水質を安定的にコントロールしている。

4) 沈殿物回収装置による水質悪化負荷軽減と、残餌量把握による効率的な給餌。

　水槽の形状を逆三角形にし、固形沈殿物（残餌、糞、死エビ、脱皮殻等）を底に設

置したピットに集積させ,スクレーパーでかき集め,固形物のまま外部に排出させることにより,水質を悪化させるヘドロの発生をゼロにしている. またこの装置により,排出される食べ残しの餌の量を毎回正確に把握できるので,適正給餌が可能となる. 回収沈殿物は,肥料原料として農業,畜産などへ再利用を行っている. その他,水中に漂って沈下しない浮遊物は,バーチカルポンプの前に設置した,80マイクロメッシュのスクリーンフィルターで除去している.

5) 効率的な酸素供給

空気に圧力をかけ,窒素と酸素に分離し,窒素をゼオライトに吸着させ,残った純酸素を取り出す酸素発生装置と,通常7〜8ppm濃度しか水に溶け込まない酸素を,容器の中で圧力をかけ,30ppmの酸素が入った過飽和酸素水を効率的に作り出す酸素混合器を設置し,水槽内の4か所から酸素水を注入することで,均一な酸素環境を実現している. バナメイエビはエビの中でも最も泳ぐエビなので,必要酸素量は車エビの約3倍となる. その為,従来のエビ養殖場で行われているブロアーや,水車などでの酸素供給方式では,酸素不足が発生してしまう.

6) 全ての運用方法をマニアル化した育成・健康管理システム

海上で行われている海いけす養殖では,台風や赤潮,水温低下など色々な要因が魚の生存や成長に影響を与えるため,素人では育成が困難とされている. 屋内型エビ生産システムでは,10年間の研究成果,実証運転をマニアル化しているので,エビの知識のない人間でも,マニアルに基づき育成管理ができる. 現在用意されているマニアル類は以下の通りである.

- 稚エビ受け入れ及び初期育成手順書
- 本水槽育成マニアル
- 収穫,蓄養,出荷手順書
- 水質,ミネラル測定マニアル
- 細菌検査手順書
- 給餌計画書
- 生産スケジュール表
- プラント機器取扱説明書
- プラント機器メンテナンス作業要領書

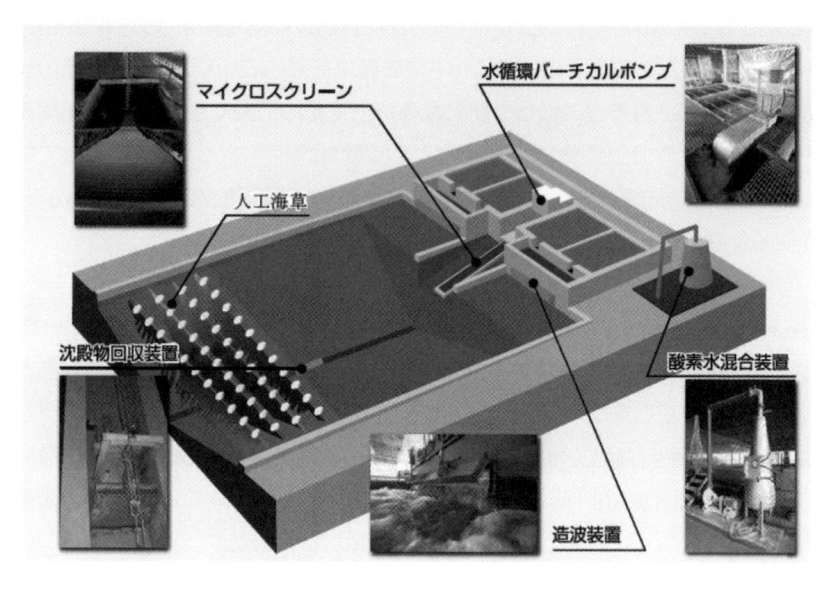

図9 屋内型エビ生産システム模型

- プラント機器トラブル対応マニアル
- 各種記録用紙
- 衛生管理マニアル
- 日常点検シート

6. 事業推進中に遭遇した問題点と対応

1) 硝化能力不足によるアンモニア・亜硝酸値の増大

当初使用していたハニカム固定式濾材は，使用を重ねると目詰まりを起し，硝化能力が半減していた．また1回の生産ごとに行わなければならない，濾材の掃除の為の出し入れは非常に重労働で，大人数を手配しなければならず，コストを上昇させることとなっていた．そこで各種濾材を比較検討する実験を2年に及び行い，浮遊担体を利用するフローティング方式に変更することで，硝化能力を大幅にアップさせることが出来た．

2) 最適な光環境

　従来行われてきた池養殖は屋外で行われてきたため，光環境についてはそれほど重要と考えてこなかった．しかし実験を行ってみると，光源や照度により，生存率，成長率に著しく差が出ることが判明した．実験結果では，光源はマルチハロゲンランプが良く，照度は150Lx以下，日長サイクルは12時間の環境が一番生存，生長が良い結果となった．

3) 淡水育成におけるミネラルバランスの重要性

　バナメイエビは従来から海水でも，淡水でも飼育が可能な種として注目されてきている．フロリダのハーバーブランチ研究所から出版されている文献「Farming Marine Shrimp In Recirculating Freshwater System」では，淡水での育成が可能と記載されている．しかし，海外での淡水はほとんどが硬水であり，日本の軟水とは成分が異なる．このことはエビの育成に重大な影響を与える．硬水に含まれるカルシウムなどのミネラル分はエビの育成に欠かせない成分となる．なぜエビ育成には，ミネラルを必要とするのか？

　バナメイエビは約2週間に1回脱皮する．ミネラルは殻の重要な組成であり，浸透圧調整や神経組織，筋肉構成に於いても重要な要素となる．もしミネラルが欠けると，殻や筋肉に問題が起こり，成長遅延，やがて壊死を起こしてしまう．これらの事項は事前の実験で把握していたので，妙高でも硬度1400の硬水で育成を行ってきた．しかし，硬度の数字だけでは解決できなく，特にカルシウム，マグネシウム，カリウム，ナトリウムのバランスが大事で，バランスが壊れると，たとえ硬度が基準値を保っていても，脱皮障害や成長鈍化が起こることが確認できた．

7．事業推進における問題点

1) 生産原価が高い

　妙高のような寒冷地で生産を行う場合，加温コストは生産原価に直接影響を与える．その為，当初は隣接地に計画されていた，ごみ焼却場の排熱を無料で分けてもらい賄う計画であった．しかし焼却場の計画が中止となったため，現在は自前でガスボイラーを設置し，加温を行っている．この費用はランニングコストの23％になるため，生産原価を押し上げている．また，陸上養殖施設としては，生産

規模が小さい為，人件費割合が大きい．

2）安定的な販売先の確保

当初年間30トンほどの生産量であれば，地元ですべて消費できると考えていたが，販売コスト高，安心安全な生産方式が理解されず，なかなか地元で使ってもらえない状態が続いた．しかし，テレビ等のマスコミにたびたび取り上げられ様になってからは，地元新潟で60％の販売を行っている．残りの40％，首都圏を中心に，飲食店に販売しているが，かなり苦戦してきた．

3）現在の取り組み

マスコミなどへの露出を増やし，知名度を上げることで，地元での消費を拡大し，地元食材とのコラボ等で，名産品としての地位を確立していくことを目指してきた．現在，2011年から中国，ベトナムで発生したEarly Mortality Syndrome(EMS)は東南アジアのエビ生産国に広がり，2013年度タイのエビ生産量を半減させている．このため輸入冷凍エビの価格が高騰し，価格差は小さくなってきている．また今年，食品名偽装で注目され，大手レストランで使用されていた芝エビが90％バナメイエビであったことは，いままで安いエビの代名詞であったバナメイを，おいしいエビと再評価されるきっかけとなっている．

4）事業収支

妙高の実証施設は600トン水槽が2基であるが，通年の出荷を考えると水槽は3基あったほうが，通年で活きエビを出荷できる．このシステム規模が顧客ニーズに合致していると思えるので，育成水槽3基を最小の事業規模と考える．この場合，生産原価が1,830円/Kgとなり，現在の輸入冷凍エビのコスト1,700円に近付くが，販売価格は3,000円/Kg以上でないと，

表3 モデルシステムにおける事業収支

システム規模	600t育成水槽	3基
	20t初期水槽	4基
年間生産量（10回）		58t
	（千円）	
稚エビ代	14,700	14.0％
エサ代	21,500	20.0％
その他の材料	9,500	9.0％
人件費（10人）	19,200	18.0％
電気代	12,000	11.5％
加温費	17,000	16.0％
その他（包装，営業）	8,600	8.0％
メンテナンス他	3,700	3.5％
運用費合計	106,200	
生産原価	1,830円/kg	

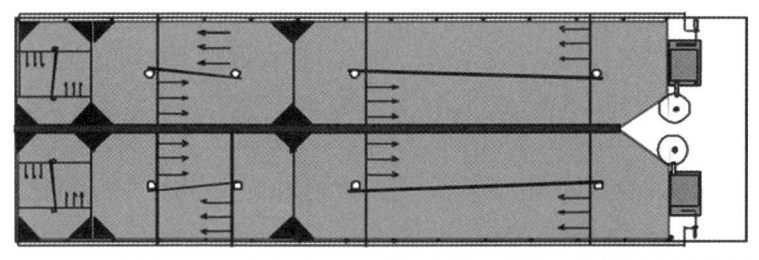

写真4　3フェース・レースウェイ方式のエビ生産システム

事業としての採算は合わない.
　規模を拡大することでどこまでコストダウンが可能か試算したところ, 3倍の規模（600トン水槽×9基）に拡大すると, 生産原価は980円/Kgまで低下するので, 販売価格を2,000円としても, 事業採算性は出てくる. これにより陸上養殖における魚類生産は, ある程度規模を拡大しないと, 事業としては成り立ち難いことが立証された.

8. 世界での取り組み

　世界で行われているエビの閉鎖循環式養殖システムは, 大きく3つに分類される. フロリダのハーバーブランチ海洋研究所（HBOI）が開発したレースウェイ方式と, イスラエルのヤーン博士が提唱するバイオフロックを用いたシステム, 及び我々が開発した屋内型エビ生産システム（Indoor Shrimp Production System：ISPS）である.
　レースウェイ方式は, アメリカを中心に20年ほど前から行われてきたが, なか

なか事業化には至らなかった．2011年ラスベガス近郊に，ホテル客層を見込んだ大規模システムが稼働し，システムの広がりを見せている．

バイオフロックシステムは，現在韓国政府が力を入れて開発している．2ヶ所ほど事業レベルのプラントが昨年から韓国で稼働を始めたが，運用ノウハウが難しいため，きちんと勉強した人間でないとオペレーションは難しいと思われる．

写真5　韓国のバイオフロック水槽

写真6　韓国水産研究所のエビ育成実験施設

9．陸上養殖発展のために必要な取り組み

　今後，陸上養殖を推進していくためには，単独での施設計画のほか，植物工場との併設や，レストラン，展示場，釣り堀等との複合的な取り組みも必要と考える．その一例としてアクアポニックスを紹介する．

1）アクアポニックス

　アクアポニックス（Aquaponics）とは，魚類生産に於ける陸上養殖（Aquaculture）と，農業の水耕栽培（Hydroponics）をかけ合わせた造語です．

　閉鎖循環式養殖に於いて，その生産性を上げる研究が長年行われてきました．現在陸上養殖では，1トンの水で150Kgの魚を育てることも可能な，高密度養殖システムも開発されています．それに伴い窒素負荷を大量に含んだ排水が生じてきます．世界の環境規制は，これらの排水を川や湖水に流すことを禁止しているため，閉鎖循環システムでは，高額な水処理システムを導入しています．育成排水に含まれる窒素やリンは，植物の栄養素であることに着目し，植物にその栄養素を吸収させ，水を浄化し，その水を再循環させるゼロエミッションなシステムを開発しました（図10）．

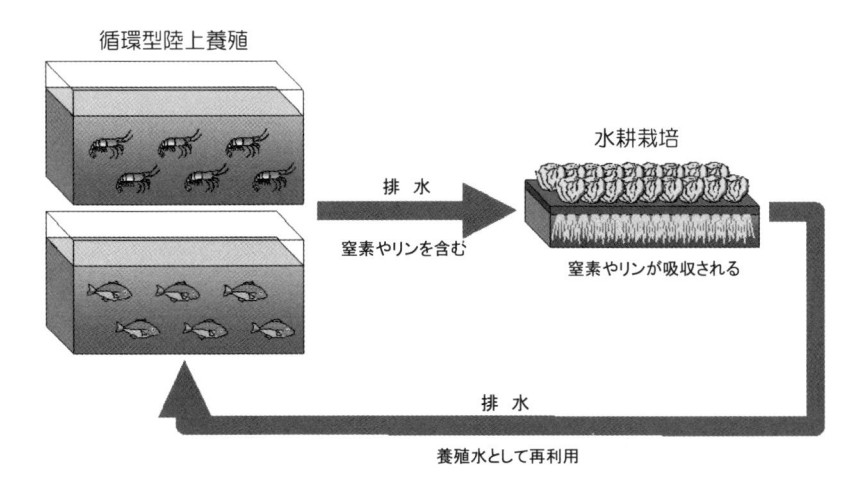

図10　アクアポニックス概念図

2) アクアポニックスの歴史と現状

　アクアポニックスの研究は, 米国やオーストラリアでは1970年代から始まっていたが, 家族経営の農家レベルの工夫にとどまっていた. その後1990年代後半から多くの大学で, 商業レベルを目標とした研究が活発化した. 商業レベルの施設は主に米国に建設されているが, まだ20ヶ所未満である. 世界的にはアメリカを中心に, 中東, 中国, オーストラリア, ニュージーランド, イギリスなどで研究が進められているが, 商業施設は少なく, これからの技術と言える. アメリカでは5つの大学, NASAの他, 5ヶ所の研究機関がアクアポニックスの研究に力を入れている.

　日本では, 北海道大学など一部の大学で, 基礎実験レベルの研究がなされているが, 本格的な実証実験は, アイ・エム・ティーが2003年～2005年につくばで行った, エビとクレソン・空芯菜の育成実験が初めてであろう.

　しかし, アメリカなどで行われている様な, 商業規模での施設はまだ日本では皆無な状況である. 家庭で行える小さなシステムや, 学校教育用のシステムに取り組む人は出てきているので, 日本でも今後の普及が期待される.

3) 事　例

①バージンアイランド大学

　アクアポニックスの研究は, バージンアイランド大学での活動が, 世界で最も

写真7　バージンアイランド大学実験農場

写真8 育成されているテラピア

評価されています．ここで育成されたレタスやテラピアは，学生食堂で提供され，事業としても成果を上げています．また世界各国からショートコース（1週間）の研修生を受け入れ，アクアポニックスの普及に力を注いでいます．

魚育成水槽（7.8m^3）4基，物理濾過槽（3.8m^3）2基，フィルタータンク（0.7m^3）4基，脱気水槽（0.7m^3）1基，ヘドロ除去水槽（0.6m^3）1基，沈殿濾過水槽（0.2m^3）1基，水耕栽培水路（11.3m^3）6基より構成され，使用全水量は110m^3，水耕栽培

写真9 生産されているバジル

写真10 16m水槽で育成中のテラピア

写真11 バラマンディ育成水槽

写真12 栽培されているレタス

面積は 214m^2 です．この実験に使用している面積は 500m^2 となります（写真 7, 8）．
②バイオシェルターズ社
　米国ボストン郊外のアムハーストにあるバイオシェルターズ社は，米国でも最も古い生産施設の一つである．16m の育成タンクで 10 万尾のテラピアを育成し，その排水でバジルを栽培している（写真 9, 10）．
③テーラーメイド・フィッシュ・ファームズ社
　オーストラリア・NSW 州にある企業でバラマンディの養殖とレタスの水耕栽培を組み合わせたアクアポニックスを行っている．弊社も平成 12 年に施設見学に伺ったことがある（写真 11, 12）．
④日本における取組（アイ・エム・ティー）
　アイ・エム・ティーでは 2003 年から 2005 年にかけて，つくば市の実験施設にてエビの養殖排水を利用したクレソンと空芯菜の育成実験を行った．エビの養殖水槽 1200 トンに対して，水耕水路は 2.5m×20m×深さ 10cm 程度の非常に単純

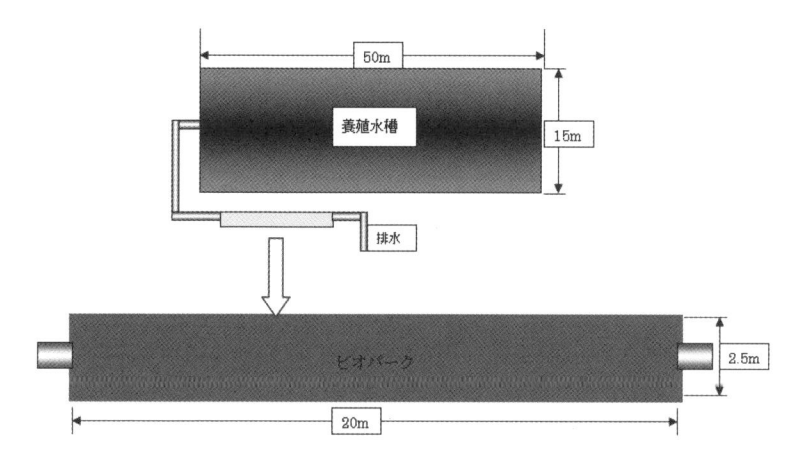

図 11　IMT つくば実験システムイメージ

写真 13　つくば水耕水路

なもので,適度な勾配を有する水路 (50m^2) でした.1 回目はクレソンを栽培し,育成には問題がなかったが,窒素除去率が期待ほど高くなかったので,2 回目は水耕水路の水を再循環使用する系統を付加しました.これにより窒素除去率を 30％ 程度から最大で 53％まで上昇させることができました (写真 13,図 11).

10. まとめ

　世界的にはかなり研究が進んできているエビの陸上養殖だが,日本で研究している人は非常に少ない.

その理由は以下の通りと考える.
1) 国を挙げて, 陸上養殖を推進する体制ができていない.
2) エネルギーコスト (電力, 加温) が高い.
3) 安全安心な養殖魚への市場評価ができていない.
4) 最先端の陸上養殖関連機器, 資材などが高価, 入手困難.

写真14　水耕水路内の空芯菜

　しかし, 2011年の震災以降, 国内の情勢は大きく変化してきている. 特に国民の魚に関する天然魚信仰が薄れ, 安全・安心でかつ美味しい陸上養殖魚は, 天然物より高くても, 購入していただける人たちが増えつつある. エビ陸上養殖は, 未利用エネルギーの有効利用などのコスト削減方策があり, 地域振興関連で国の支援が得られれば, 今後有望なビジネスとなると確信している.

参考文献

1) 野原節雄 (2012.10) バナメイエビの陸上養殖技術の最新動向, 農林水産技術研究ジャーナル, 35号
2) マーシー ワイルダー・野原節雄・奥村卓二・福崎竜生 (2009) 生物系産業創出のための異分野融合研究支援事業 (2008年度終了課題) 研究成果集
3) クラウディオ チャペス フスト (1990) 世界のエビ類養殖－その技術と応用－　緑書房
4) 橘高二郎・隆島史夫・金澤昭夫, (1996) エビ・カニ類の増養殖 (基礎科学と生産技術), 恒星社厚生閣
5) Peter Van Wyk, Megan Davis-Hodgkins, Rolland Laramore, Kevan L Main, Joseph Mountain, John Scarpa, Farming Marine Shrimp In Recirculating Freshwater Systems, Harbor Branch Oceanographic Institution

第6章
農畜産バイオマスのエネルギー利用

薬師堂 謙一
（独）農業・食品産業技術総合研究機構

バイオマス事業化戦略（http://www.maff.go.jp/j/press/shokusan/bioi/120906.html：農林水産省ホームページ）が策定され，資源循環利用に軸足をおいた液肥利用を前提としたメタン発酵や，畜産過剰地帯における鶏糞発電等の事業化が推進されることになった．バイオマス利用はカスケード利用が基本で，より付加価値の高い利用法を優先する必要があるが，耕作放棄地の解消や，未利用バイオマス活用の観点から，バイオマスの収集，固形燃料化やメタン発酵，バイオエタノール生産等についての現状を紹介する．

1. バイオマスのカスケード利用

バイオマス資源の利用に関しては，地球温暖化問題と絡めてエネルギー利用を中心にして論議されることが多いが，バイオマス資源は 図1 のように①医薬品，化粧品原料，②食品，③工業用原料，④飼料，⑤肥料，⑥エネルギー原料までの多用

1. 医薬品，化粧品原料
2. 食品（機能性食品等）
3. 工業用資材原料
4. 家畜用飼料
5. 肥料（堆肥，液肥）
6. エネルギー原料

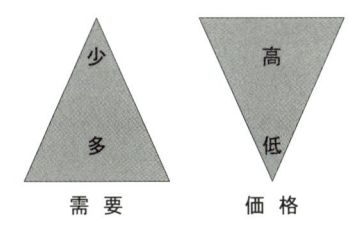

需要　価格

図1　バイオマス資源のカスケード利用の基本

途に使用される．販売価格の高い物ほど需要は少なく，逆に，エネルギー利用の場合は，需要は多いが販売価格が低いという特徴がある．収集したバイオマス資源はこのように多段階に利用し，残さの出ないように使い尽くすことが重要である．バイオマスの収集を行う場合，エネルギー利用だけを対象にすると経費割れを起こしてしまう場合が多い．そこで，エネルギー利用する場合であっても，より付加価値の高い利用先を優先させ平均販売単価を上げる必要がある．稲わらを例にとると，飼料用乾燥稲わら価格は 45 円/kg 程度であり，堆肥原料で 20−25 円/kg，エネルギー用では 15 円/kg 以下とされ，エネルギー用だけでは利益を出すことは困難である．

なお，稲わらを収集する場合，飼料としての需要が多い地域では，購入単価の安いエネルギー用には原料が回らなくなる．これは，稲わら以外の材料にも当てはまることで，バイオマス利用設備の設置にあたっては，バイオマス資源の賦存量だけでなく利用量も十分に把握しておく必要がある．

また，石油価格が高騰すると各地で木チップの取り合いが始まり稼働率が落ち

表1 農産系残さの種類と利用法

作物名	製品名	残さ	主な利用法
水稲	米	稲わら モミガラ	飼料，堆肥原料，加工用，（燃料） 堆肥原料，暗渠資材，燻炭，（燃料）
麦類	麦	麦わら	堆肥原料，飼料，（燃料）
豆類（菜豆，小豆，落花生等）	豆	豆殻・茎	堆肥原料，（燃料）
テンサイ	砂糖	ビートトップ	飼料
サツマイモ	芋 デンプン	茎葉 デンプン滓	飼料，食品原料 飼料
サトウキビ	砂糖	ケーントップ バガス	飼料 燃料，堆肥原料
油糧作物（ナタネ，ヒマワリ）	油	油粕	肥料，飼料，（燃料）
果樹類	果実	剪定枝	堆肥原料，燃料
野菜類	野菜	茎葉・外葉	飼料，堆肥原料
竹	筍	竹，枝葉	建築資材，燃料，堆肥原料

るなどの問題も発生しており,将来的な原料の安定確保の可能性も検討しておく必要がある.農産残さ系バイオマスの種類と現在の主な利用法を表1に示す.モミガラやテンサイ,サトウキビの残さのように加工設備に持ち込まれ,残さが集中的に発生するものについては利用は進んでいるが,飼料以上の利用でなければそのまま圃場還元されてしまうものが多い.

2. バイオマス資源の収集

農業系バイオマスの特徴としては,全体の発生量は多いが広く薄く分布するという特徴があり,実際に利用しようとすると,収集や調製・貯蔵にコストと手間が多くかかるという問題がある.特に,農産系バイオマスは発生時点では水分が多くそのままでは利用できない場合が多いため,圃場での乾燥や,収集後の乾燥処理が必要となる.

バイオマス資源として利用できるかどうかは,機械で収集できること,収集価格に見合った販売価格が得られるかどうかで決まる.したがって,低コストの収

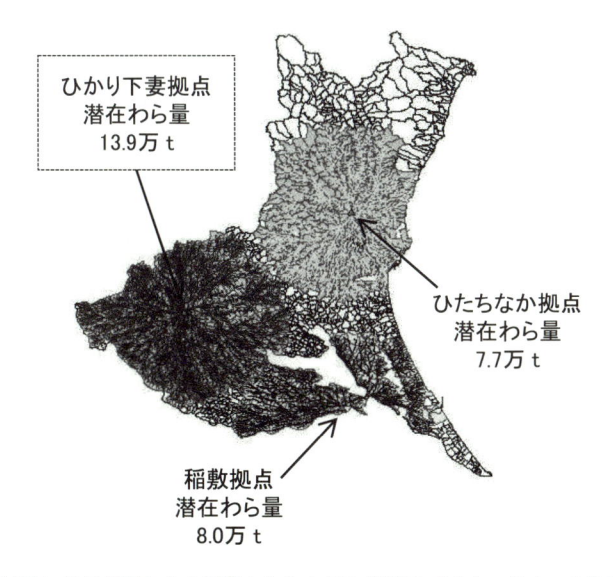

図2 茨城県における稲わらを原料とした1.5kL規模のバイオエタノール生産拠点の配置（3カ所設置可能）（東北農研：金井）

梱包稲わら　　　　　　　　ラップフィルム巻き

図3　稲わらの梱包処理（生研センター）

集態勢が取られればエネルギーやバイオマスリファイナリー原料などへの利用拡大も可能となる．

　農研機構では，稲わらを低コストで回収しバイオエタノール原料にするための収集技術の開発を行っている．バイオエタノールの生産規模が1.5万kL/年の場合，年間に乾燥稲わらを乾物で6万t収集する必要がある．このため，合理的な収集拠点の設置場所の決定（図2, 金井ら, 2010）や，低コスト収集・貯蔵に向けた研究を行っている．水稲の稲わらの収集について見ると，従来の収集技術としては，稲わらは収穫時にコンバインにより圃場表面に畝状に残されるので，圃場で攪拌し乾燥させた後にロール状に梱包する（図3）．

　梱包した稲わらは，屋内貯蔵の場合はそのままトラックで搬送するが，屋外に貯蔵する場合には防水性のラップフィルムを3重に巻き，空き地等に2－3段積みにして保存する．ラップフィルムで巻いたものは1年以上貯蔵可能である．そのかわり，ラップフィルムで巻くために3円/kgDM（DM：乾物）の処理コストがかかり，廃フィルムの処理が必要となる．図4に乾燥稲わらの収集体系を示す．従来の収集方式では15円/kgDMの価格を下回ることができなかったため，貯蔵コストの改善の観点から，バンカーサイロに3段積みにし，シートをかけて保管する方式を検討した．コスト的には安価になるが，それでも15円/kgDM程度の収集・貯蔵経費が必要となる（加藤ら, 2011）．

　現在，農研機構では，稲わらの乾燥を促進するため，自脱コンバインの稲わらカッター部に取り付ける稲わら圧砕装置が開発している．稲わらを押しつぶし，折

損させることにより稲わらの乾燥日数が1日程度短縮するなど，作業改善を進みつつある．現状での稲わら収集コストの最安値は13.3円/kgDM と試算されている（図4）．

収集効率を上げるための反転・作条工程の改良も進みつつあり，最終的には，あと1円/kg 程度のコスト低減が可能と判断される．なお，この数値はあくまでも最低でのコスト試算をしたものであり，賃金も1万円/日・人の条件である．収集システム自体で利益を生み出すためには，収集した乾燥稲わらの一部を飼料として25円/kgDM 以上の価格で販売し，平均単価を上げて利益を確保する必要がある．

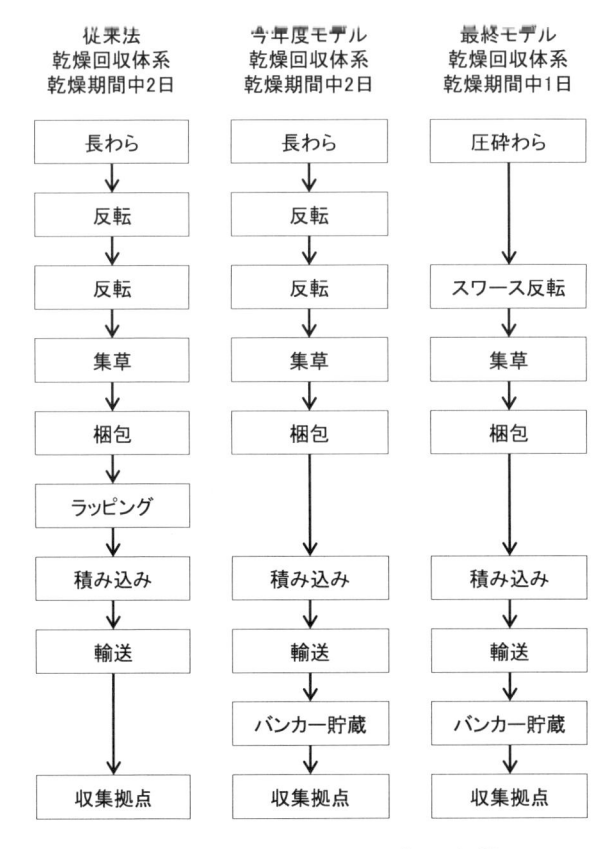

図4 稲わらの収集体系（中央農研・加藤）

1.5万キロリットルエタノール工場対応　バンカーサイロ貯蔵
収集面積：19,328ha
収集目標：60,000 t（ロール個数 412,817 個，ロール1個あたり145kgDM）

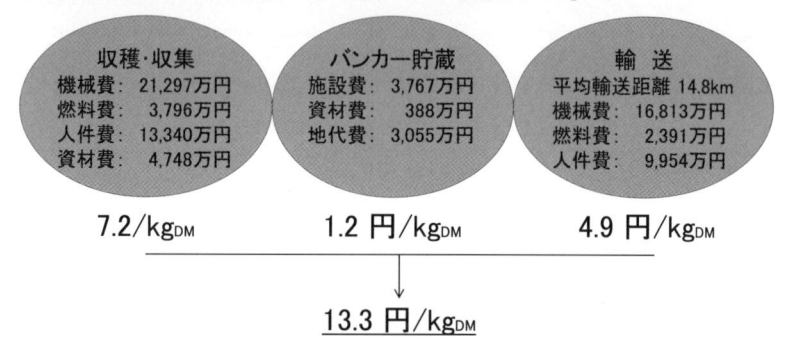

収穫・収集
- 機械費： 21,297万円
- 燃料費： 3,796万円
- 人件費： 13,340万円
- 資材費： 4,748万円

7.2/kg_DM

バンカー貯蔵
- 施設費： 3,767万円
- 資材費： 388万円
- 地代費： 3,055万円

1.2 円/kg_DM

輸送
- 平均輸送距離 14.8km
- 機械費： 16,813万円
- 燃料費： 2,391万円
- 人件費： 9,954万円

4.9 円/kg_DM

↓

13.3 円/kg_DM

条件
1. 圃場作業可能日数 42 日（太平洋側気候温暖地）
2. 水田圃場割合（水田面積/県内面積）0.128
3. 機械購入時 50 %の補助、使用割合 70 %
4. 人件費1万円/日
5. バンカーサイロ 地代300万円/10a，利率2%，返済年数20年

図5　最新の収穫・収集・輸送・貯蔵コストの試算値（中央農研・塚本）

3. 資源作物の生産

　資源作物は①糖質資源作物：サトウキビ，テンサイ，スイートソルガムなど搾汁して糖をエタノール発酵に使用するもの，②デンプン質資源作物：米，トウモロコシ，ジャガイモ，カンショ等のデンプンをエタノール発酵に使用するもの，③油糧系資源作物：ナタネ，ヒマワリなど搾油して油を利用するもの，④繊維系資源作物：エリアンサス（図6），ジャイアントミスカンサス等がある．

　資源作物は未利用バイオマスと異なり，栽培コストが上乗せになるため原料価格が高くなる．日本国内で補助金無しで生産できるのは繊維資源作物に限られる．農研機構・九州沖縄農業研究センターで育成されたエリアンサスは，乾物生産量が 40-50t/ha・年に達し，冬季には枯れ上がるため追加の乾燥エネルギーが少なくてすむ．また，移植初年度は苗生産費等もかかるが，追肥等も不要で生産性

図6 エリアンサス（九沖農研：我有）

を維持できる．繊維系資源作物の収穫・貯蔵コストの目標は，乾物1t当たり10,000円程度であり，収穫には飼料作物の収穫と同様にフォーレージハーベスタを使用する．この収穫方式は，河川敷の葦や遊休地の雑草の収穫まで応用できる収穫方式である．なお，収穫時期により材料水分が異なるので，水分が25%以下になる時期に収穫すると固形燃料としてそのまま利用できる．

4. バイオマスのエネルギー利用

　バイオマス資源のエネルギー利用の主な方式としては，①直接燃焼，②燃焼発電，③メタン発酵が実用化されている．④熱分解ガス化（発電を含む），⑤ガス化＋メタノール合成（エタノール，石油）が実証試験段間にあり，⑥バイオエタノール変換は原料の収集技術，変換技術とも開発段階になる．バイオエタノール生産は実用的な最小処理規模は1.5万kL以上とされており，当面の価格目標100円/Lを達成するためには原料価格を50円/L以下にする必要があり，国内で実用化可能なのは稲わらなどの未利用バイオマスか，乾物収量が30〜40t/haの高収量バイオマス資源作物を原料にしたものに限られると考えられる．

5. バイオマスの燃焼利用

　バイオマスの燃焼利用はハウス暖房など小型のバーナータイプのものと，大型の燃焼発電の2種類に分かれる．燃焼発電は，最低処理規模が100t/日以上で，通常300t/日程度の処理規模のものが導入されており，現在木チップやバーク，ブロイラー鶏糞の燃焼発電所が稼働している．年間に3万t〜10万tの乾燥バイオマスを準備する必要があるため，建築廃材や家畜糞などの廃棄物系バイオマスの利用が多い．発電効率は300t/日級で約25％程度であり，蒸気利用を併用すると50％に上がるが，発電廃熱の有効利用が課題となっている．畜糞発電所は現在4基南九州で稼働中であり，間伐材などを原料とした燃焼発電所も各地に建設されつつある．

　農畜産系バイオマスを燃焼利用する場合には注意を要する．木質系バイオマスでうまく処理できていても，農産系バイオマスでは色々なトラブルが発生する場合がある．木質ペレットボイラーや木チップボイラーで稲わらや竹材を燃焼させると灰が多くて連続運転できない，火格子上で溶融して炉が閉塞することが発生する場合がある．主なバイオマスの低位発熱量と灰分含量を表2に示す．木質ペレットやチップの灰分率はわずか0.3％であるが，稲わらでは13−20％，モミガラでは20％に達する．竹材では2％，草本系バイオマスで数％程度である．したがって，木質の10−70倍の灰が発生するので，灰出し装置や貯灰槽の能力増を図っておく必要がある．稲わらやモミガラの主成分はケイ酸であり，その他のものではカリウム，ナトリウム，カルシウムが多く含まれている．灰が発生しても，有害物質を含んでいなければ農作物灰として肥料利用できるので，灰の販売先などを事前に確保しておくことが重要である．

表2　バイオマスの燃料としての特性

種類	発熱量 kcal/kg	水分 %	灰分（乾物中） %
木質ペレット	4,000	15	0.3
木質チップ	3,600	25	0.3
竹チップ	4,000	15	2.0
稲わら	3,200	10	13.0
籾殻	3,200	10	20.0
A重油（参考）	8,770/L	0	0.0

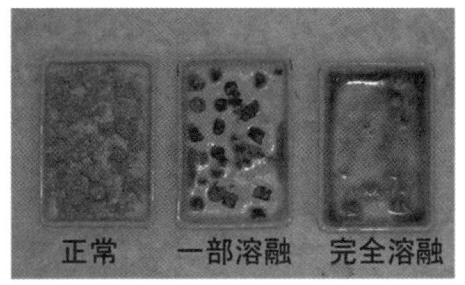

第6章　農畜産バイオマスのエネルギー利用　　（ 107 ）

図7　バイオマスの溶融現象の発生状況

　もう一つの重要な問題が溶融現象である（図7）．木質の場合は1,300℃でも溶融しないが，農産系や草本系のバイオマスにはカリウムやナトリウムが多く含まれているため，より低い温度で溶融する．また，同じ材料といえども，刈り取り時期や施肥条件，地域や品種によっても溶融温度は変化する．たとえば，茨城県産の稲わらの溶融温度は1,000℃以上であるが，北海道産の稲わらでは800℃で溶融するものもある．竹では，同じ地域でも無施肥の竹林のものは1,100℃以上の溶融温度を示し，筍用に施肥した竹林のものは800℃以下で溶融する場合もある．このことは，熱分解ガス化や燃焼を行う際にきわめて重要であり，炉壁へのクリンカ発生防止のため，使用予定の全ての材料について事前に溶融試験を実施し，使用の可否を判定する必要がある

　小型のバイオマスバーナーはハウス用の木質ペレット用が市販されており，現在，木質チップや畜糞ペレット等の燃焼のできるロータリーキルン式バーナーの開発も進められている（図8）．バーナーの燃焼効率を上げるためには1,000℃以上の燃焼温度が望ましいが，前述したようにバイオマスの種類によっては燃焼中に溶融して溶岩状になる場合があるので注意を要する．なお，九州沖縄農研センターでは，溶融しやすい材料についてダウンフロー式バーナー（図9）の適応を試みている．ダウンフロー式は燃焼材料と燃焼空気の両方共が上から下に向けて流れる方式である．火格子より上の材料へ吹き込む空気温度を低くすることにより材料温度を800℃以下に維持することができる．なお，火格子より上は酸素が少ない不完全燃焼をしており，火格子から2次燃焼用の空気を吹き込み1,000℃以上

図8 ロータリーキルン式燃焼バーナー（10万 kcal/h）

の燃焼温度を維持する方式となっている．

　バイオマス系燃料の発熱量は，木質ペレットでも約2kgで石油系燃料1Lと等価である（表2）．使用する石油の種類と販売価格でバイオマス燃料を考えた場合，バイオマスボイラーの導入経費などを勘案すると，石油系燃料と比較して1L当たりの価格差が20円程度でないと導入コストを回収することは困難である．したがって，石油価格が70円/Lの時のバイオマス燃料の適性価格は同一発熱量で50円以下となり，木質ペレットや木チップの末端価格は25円/kg以下でなければならないことになる．

　木質チップなどは1tの乾燥原料を燃焼させても灰の発生量は3kg程度であるが，竹材では20〜30kg程度，草本系バイオマス燃料で30〜80kg，稲わらやモミガラでは130〜200kg発生する．これらの燃焼灰は不純物が入っていなければ有機系肥料として販売できるので，導入する際には灰の販売ルートを確保しておく必要がある．

　なお，燃焼蒸気発電は従来小型のものでは発電効率が悪くて利用できないとされていたが，近年スクリューコンプレッサー方式で200kW以下の発電システムが開発されている．蒸気の圧力差を利用するものであり，すでに蒸気発生器がある場合に適した発電方式であると考えられる．発電だけを行う場合に比べ，蒸気も有効活用することによりエネルギー効率を上げることができる．

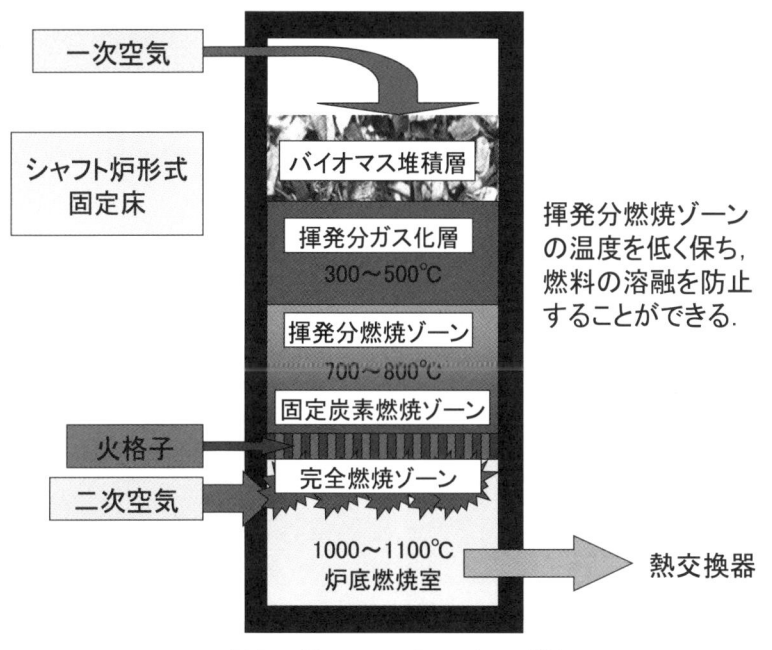

図9 ダウンフロー式バーナーの構造

6. メタン発酵利用

　メタン発酵は,家畜排せつ物や生ごみなどの有機系バイオマス資源を嫌気状態（空気を遮断した状態）で貯蔵するとメタン細菌などの働きにより,有機物がメタンと炭酸ガスに分解される発酵で,タンパク質は即効性のアンモニア態窒素に変わる.発酵の過程で悪臭成分も分解されるため液肥散布に伴う悪臭公害が防止できるというメリットがある.エネルギーの発生量は中程度で,ほとんど減量しないため発酵残さである消化液の液肥利用が前提条件である.
　一般的な,湿式メタン発酵は湿潤原料の処理に適しており,家畜排せつ物や生ゴミ,食品残さからメタンガスを取り出し発電等に利用する.発酵残さは水稲や畑作物への液肥として利用できる.農畜産分野においては発酵残さの浄化処理はエネルギー・コスト的に成り立たないので,液肥利用が前提となる.液肥利用に

図10 メタン発酵消化液の水稲への流し込み追肥
(約4tを20分以内で注入する)

稲刈後の麦作基肥散布　　　麦作の追肥散布

図11 メタン発酵液肥の表面散布

関しては，北海道型と九州型の2類型があり，北海道型は飼料畑以外に畑作への利用，九州型では飼料畑以外に水稲・麦などへの元肥・追肥利用をしていることが特徴である．水稲の場合，表面散布以外に流し込み施用（図10）が可能で，前日に落水し，給水と同時に液肥施用し40−50mmまで湛水し施用終了となる．元肥は表面散布する以外に，移植後の流し込み施用も可能である．

この処理方式は耕種農家が水稲の減化学肥料栽培を行うために要望された液肥利用方式であり，熊本県山鹿市で最初に普及した．福岡県大木町では畜産からの原料供給が無いため，人糞尿と生ゴミによる液肥利用が行われている．また，九州地域では水稲移植時期が6月のため麦作にも液肥利用が可能で，元肥以外に追肥にも消化液が表面散布により利用されている（図11）．

九州地域や京都府八木町以外には水稲への利用はほとんど行われていないが，水稲や麦の栽培コストを大幅に削減できる可能性を秘めており（表3）今後の消

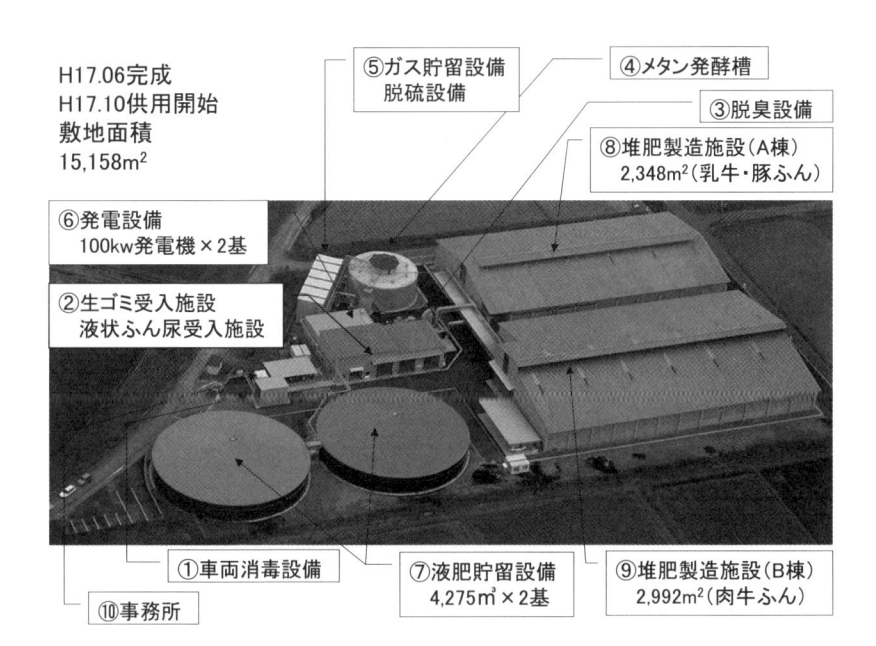

第 6 章　農畜産バイオマスのエネルギー利用　（ 111 ）

H17.06完成
H17.10供用開始
敷地面積
15,158m²

⑤ガス貯留設備
　脱硫設備
④メタン発酵槽
③脱臭設備
⑧堆肥製造施設（A棟）
　2,348m²（乳牛・豚ふん）
⑥発電設備
　100kw発電機×2基
②生ゴミ受入施設
　液状ふん尿受入施設
①車両消毒設備
⑦液肥貯留設備
　4,275m³×2基
⑨堆肥製造施設（B棟）
　2,992m²（肉牛ふん）
⑩事務所

図12　山鹿市バイオマスセンターの全景

化液の液肥利用が期待できる．大豆や野菜類への利用も試験されており，堆肥とメタン発酵消化液の液肥利用により特別栽培が容易になると考えられる．水稲で，4000円/10a以上の肥料節減効果があり特別栽培が容易に実現できる資材である．図12に熊本県にある山鹿市バイオマスセンターの全景を示す．

この施設では，乳牛ふん尿と豚ぷん尿，生ごみを処理する施設で，家畜排せつ物はスクリュー式の固液分離機で処理し，固形分は塩類濃度の低い堆肥に，液分と生ごみはメタン発酵処理する．これは，メタンガスの発生量よりも，良質堆肥生産と雑草対策を優先しているためで，スクリュー式固液分離機の0.75mmの間隙で雑草種子を固形分側移動させ，堆肥の発酵熱により雑草種子を死滅させるよう工夫している．メタン発酵消化液は全量液肥利用されている．

なお，FIT制度では39円/kWh（税抜き）の価格設定がなされているが，畜産草地研究所で開催された平成24年度家畜ふん尿処理利用研究会「メタン発酵処理を取り巻く現状と課題」で検討した結果，家畜排せつ物からのメタン発生量は少

表3 特別栽培水稲・麦の生産費（10aの肥料代）比較

		バイオマス液肥	特別栽培（一発肥）	特別栽培（通常化成）
水稲	基肥	3.5t×900円 （リン酸強化）	3袋×3,150円 （新高有機中一発28）	2袋×2,230円 （PKセーブ400） 1袋×1,180円 （粒状ナタネ粕）
	追肥	1.5t×500円	1袋×1,180円 （粒状ナタネ粕）	1袋×2,110円 （燐加安454）
	合計	3,900円	10,630円	7,750円
麦	基肥	3.5t×500円		2袋×2,630円 （BB特464）
	追肥	1.5t×500円		1袋×2,110円 （燐加安454）
	合計	2,500円		7,370円

水稲の苗箱施肥を含まず
同じ
平成22年度の水稲生産における肥料代は9,388円

なく，この価格帯においても家畜排せつ物のみでのメタン発酵による発電はペイしないことが明らかとなった．このため，生ゴミや食品残さとの合併処理がメタン発酵のエネルギー利用の前提条件となる．生ゴミや食品残さを加えることにより，メタンガスの発生量が増加し（家畜排せつ物からのメタンガス発生量のおよそ10倍程度），メタン発酵消化液の窒素濃度も上がるため液肥利用による施肥コストの一層の削減が可能となる．JAの食品加工工場などから発生する食品残さで飼料化できないものは積極的にメタン発酵に振り向けるべきものと考える．

7．熱分解ガス化

有機物を加熱していくと一酸化炭素（CO），水素（H_2），メタン（CH_4）などの可燃性ガスが発生する．酸素が過剰な状態であれば燃焼し，不完全燃焼や無酸素状態で可燃性ガスを生成させるのが熱分解ガス化である．発生ガスは発電などのほか，触媒を用いメタノールやエタノール，石油類の合成にも使用できる．ガス化には様々な方式があるが，$H_2 : CO = 2 : 1$ の合成に適したガス化法が開発されたので紹介する．

(1) 浮遊・外熱式高カロリーガス化法の原理

　小規模でもバイオマスを有効なガス燃料エネルギーに変換できる新しいバイオマスガス化技術が長崎総合科学大学で開発された．この技法を浮遊・外熱式高カロリーガス化法（以下高カロリーガス化法：図13）と呼ぶ．従来になかった技術で，草木の固体バイオマスを利便性の高い化石燃料なみのガス化燃料に変換することが基本である．

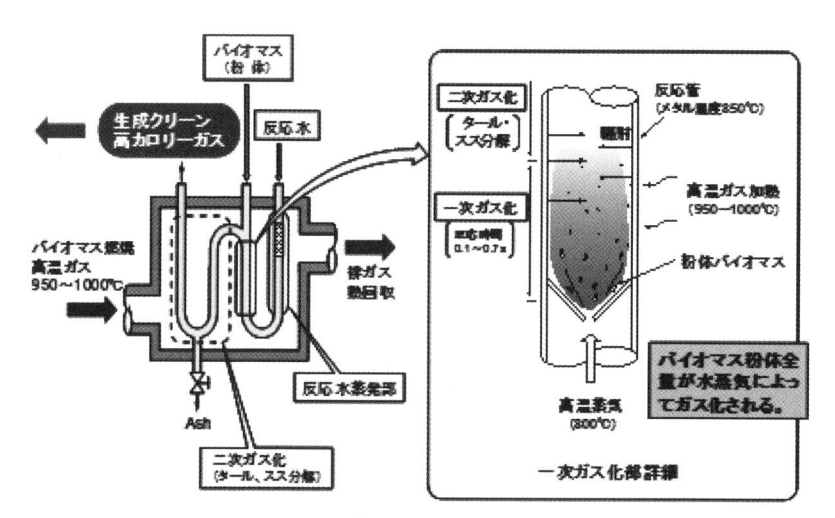

　高カロリーガス化法は3mm程度に微粉砕したバイオマスと水蒸気を反応管内で800℃〜1,000℃雰囲気において化学反応させる．このとき，反応管は別途に燃焼させたバイオマス熱ガス発生燃焼炉からの高温ガスで加熱する．供給された微粉原料バイオマスは灰分を残すだけで，有機成分はすべてガス化し，クリーンな高カロリーガス燃料（約 4,000kcal/Nm^3，約 16MJ/Nm^3）へ変換される．ガス組成は，水素（H$_2$）35〜50%，一酸化炭素（CO）20〜30%，メタン（CH$_4$）7〜15%，エチレン（C$_2$H$_4$）1〜4%，二酸化炭素（CO$_2$，燃えないガス）10〜20%で，外部燃焼熱を含めたガス化効率は約85%である．つまり，供給バイオマスエネルギーの85%を都市ガス同様のガス燃料に転換できることになる．この生成されたガス燃料は天然ガスやプロパンの火炎温度より高く，ガスエンジンやマイクロガ

図13　浮遊外熱式ガス化法の原理

スタービンによる発電およびコ・ジェネレーション（熱電併給）に高効率で適用できる．

(2) メタノールの合成方式

　浮遊外熱式ガス化法によるバイオマス合成ガスは水素と一酸化炭素の比率が概ね 2：1 であるのでメタノールなどの化学合成の原料に利用できる．一般的に，天然ガスを原料とした実用技術の合成圧力は 10MPa であるが，合成圧力が高いと設備費がかさむため，1.0〜2MPa の低圧力のメタノール合成装置を複数並べて多段抽出式のメタノール合成装置を開発した．ガス化燃料を 1.0〜2MPa（約 10〜20 気圧）にポンプで加圧し，メタノール合成触媒（酸化銅・酸化亜鉛）の入った合成塔の入った合成塔に送ると，次の反応でメタノール（CH$_3$OH）を合成することができる．

$$2H_2 + CO \rightarrow CH_3OH$$

　反応温度は 200〜250℃の発熱反応であるが，ガス状のメタノールは 60℃以下に冷却してやることによって，液体メタノールの抽出ができる．1.5MPa の圧力で 5 段採取することによりガスからメタノールへの転換率は実用レベルの 60％に到達する（図 14）．

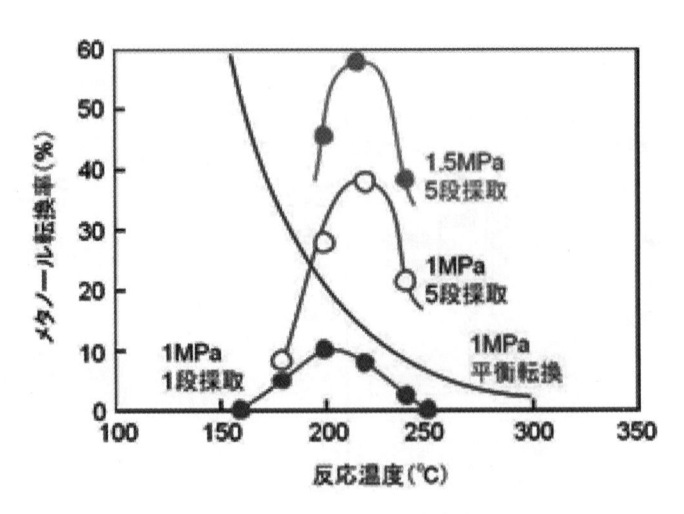

図14　低圧メタノール合成結果

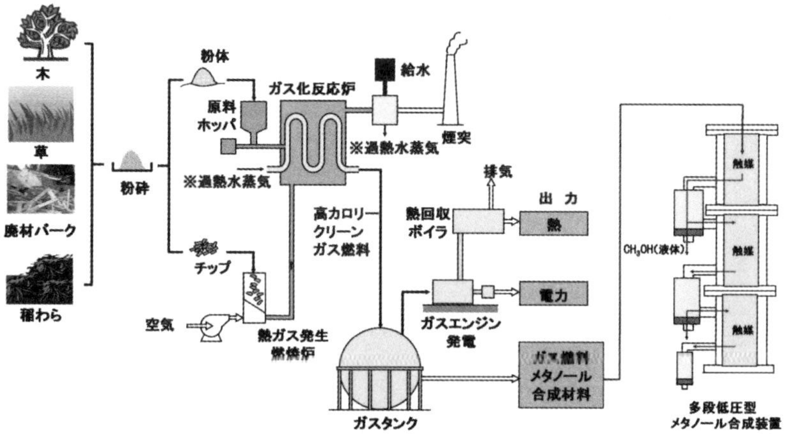

図15 農林バイオマス3号機のシステムフロー図

　全体のシステム（農林バイオマス3号機）を図15に示す．本システムは平成14年より50kW級のパイロットプラントでの試験を開始し，現在250kW級の実規模のシステムが稼働である．250kW級のシステムでは，年間310日稼働の場合，木質バイオマスの消費量が2,350t（15％水分）に対し，メタノールの合成量が795kL，売電量が944,700kWh，廃熱が灯油換算で202kL分得られる．稼働台数が10基ほどになると，設備費総額は約4億円で，設備費の50％補助が得られた場合，メタノール販売価格50円/L，売電価格17円/kWhを達成できると想定されている．また，バイオマスの燃焼灰は肥料として活用する．

8. バイオエタノール生産技術

　リグノセルロース系原料を用いた国産バイオエタノール製造を考える場合，最も戦略的な原料として稲わらが挙げられる．稲わらには，木質系バイオマスと同様に，多糖としてセルロース，ヘミセルロース（キシラン）およびリグニンが含まれており，セルロースやキシランを酵素などによって加水分解して発酵性糖質を得るためには，適切な前処理が必要と考えられる．

　2008年3月に「バイオ燃料技術革新計画」が提言された．その中では，「バイ

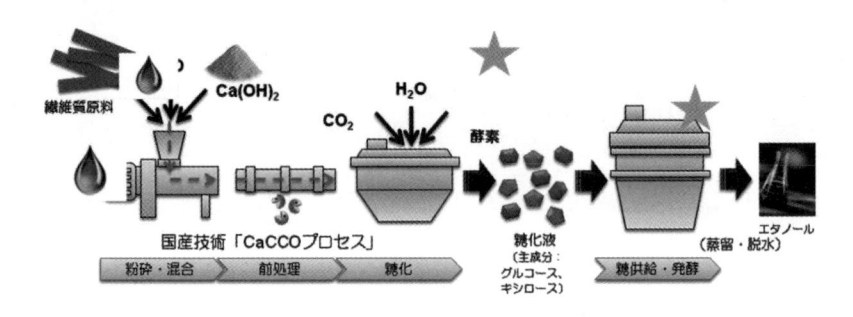

図16 CaCCO法による繊維系原料の糖化プロセス

オマス・ニッポンケース」では，2015年頃までに，農産廃棄物である稲わら，スギなどの造林樹種などの国内未利用資源を原料として，年産1.5万kL規模で100円/Lでのバイオエタノール製造を目標としている．

このような中で，農林水産省では，委託プロジェクト研究「地域活性化のためのバイオマス利用技術の開発」(2007～2011年度)を推進し，林地残材，稲わらなどの草本茎葉を対象として，100円/L以下でのバイオエタノール製造技術の開発を行ってきた．このプロジェクトの中で，稲わら，麦わら等の草本系原料からの小規模なバイオエタノール製造技術として開発が進められた「CaCCO (Calcium Capturing by Carbonation (炭酸ガス吹き付けによるカルシウム捕捉)) 法」について解説する．

CaCCO法の基本的な手順を図16に示す．バイオマス原料の粉砕物に対して，原料の乾燥重量との比率で5-20% (w/w) 程度の水酸化カルシウムを，水とともに混合し，加熱 (120℃, 1時間) を行う．冷却後，炭酸ガスを吹き付け，加圧条件下でpHを弱酸性として，酵素および酵母 (キシロース発酵性酵母) を添加し，並行複発酵を行う．蒸留後の残渣は，遠心分離などの方法で固液分離を行う．固形分は燃焼し，熱回収するとともに，灰のキルン焼成により酸化カルシウムとして再生するか灰を売却する．廃液は，メタン発酵に供した後，消化液を液肥利用する．本法の検討を進める中で，基本条件である120℃, 1時間程度の水酸化カルシウム前処理条件に対して，室温で7日間程度の前処理によって，上記熱処理と同程度の効果が得られることが確認され，2011年に改良法「RT-CaCCO法 (Room

Temperature（室温処理））」として報告された．本工程により，CaCCO 法における熱エネルギーや前処理設備コストが低減できるものと期待される．それに加えて，RT-CaCCO 法は，原料のハンドリング上の重要課題である，「湿式貯蔵」の問題を解決できる可能性を有する．

　稲わら，麦わらなどの農産廃棄物は，子実の収穫時において，40～60%またはそれ以上の高い含水率を示すことが少なくない．含水率が高い草本系バイオマスは，乾燥しない限り，腐敗，褐変または軟質化することとなり，変換原料として用いることが事実上不可能となる．また，稲わらに含まれているショ糖，澱粉などの易分解性糖質は，微生物汚染による腐敗のみならず，植物体自らの呼吸により分解されてしまい，原料中の有効糖質濃度を低減させるものと考えられる．このように，稲わらの貯蔵は，他の原料よりも重要な問題となる．畜産飼料の湿式貯蔵技術として知られるサイレージ貯蔵では，乳酸菌による糖の減耗や乳酸生成などが後段の変換工程に影響を及ぼす．また，微生物制御のために酸，アルカリや尿素を利用する場合には，新たなコスト要因となる．

　それに対して，RT-CaCCO 法における原料貯蔵コストを考えた場合には，使用する水酸化カルシウムのコストを前処理用の薬品分としてカウントできる．本プロセスについては，原料収集，粉砕やアルカリとの混合工程の効率化に関して検討課題が残るが，変換工程の簡素化という観点では大きいブレイクスルーとなるものと期待されており，エタノール発酵以外への利用も含めて今後の技術高度化が待たれるところである．

9．おわりに

　バイオマスの利用は現状ではまだ低い水準にとどまっていると言わざるを得ない．現在，化石系エネルギー価格の高騰や地球温暖化問題に直面し構造変革が求められている．カスケード利用を進め，原料の産出側と処理利用側双方の技術革新により，バイオマスの利用拡大を図っていくことが重要になってきているといえる．

引用文献

金井源太・竹倉憲弘・加藤　仁・小林有一　2010.バイオマス収集拠点の立地と収集効率（第1報）―稲わら収集における輸送エネルギー試算法,農業施設(40)4, 249-258

加藤　仁・金井源太・小林有一・竹倉憲弘・薬師堂謙一　2011．システムダイナミックス手法による稲わら回収モデルの研究,農作業研究(46)4, 179-187

第7章
林産学ルネッサンス

鮫島正浩
東京大学 大学院農学生命科学研究科 生物材料科学専攻

1. はじめに

　林産学は木材を始めとする林産物の利用を支える基礎学ならびに応用学を取り扱う学問分野である．林産学の前身はそもそも旧制大学制度の林学科の中の一つの分野として置かれていたが，第二次世界大戦後の復興の中で，木材利用を始めとする林産物工業が我が国における産業の上に占める位置づけの重要性が考慮され（図7.1），林学の一分野という観点からだけでは不十分であり，多くの産業分野と広く関連を保ちながら研究ならびに教育に携わることが必要であるという機運が高まったことから，1950年台の後半頃，各大学において独自の学科として林産学の看板を掲げることになった．それ以来，すでに60年になるが，林産学の活動は，木材需要の動きとともに，まるで我が国の社会変化や経済発展，そして国際情勢との関係の縮図のような形で変遷を遂げてきた．一方，バブル経済が崩壊して我が国の高度成長期が終焉を迎えた以降，我が国での木材需要は低迷し，それと同じ時期に推進された大学の大学院大学化への制度改革に伴って学科としての林産学という名称は消えていった．しかしながら，近年，地球温暖化防止対策としての二酸化炭素排出削減の中での森林，林業，木材利用のあらたな位置づけ，さらに林業ならびに木材関連産業の振興が我が国の地域社会ならびに経済発展のための重要な国家戦略の一つとして取り上げられるに至り，最近になって，新たに林産学を専門分野として名乗るべき場面が私自身も多くなってきている．このよう

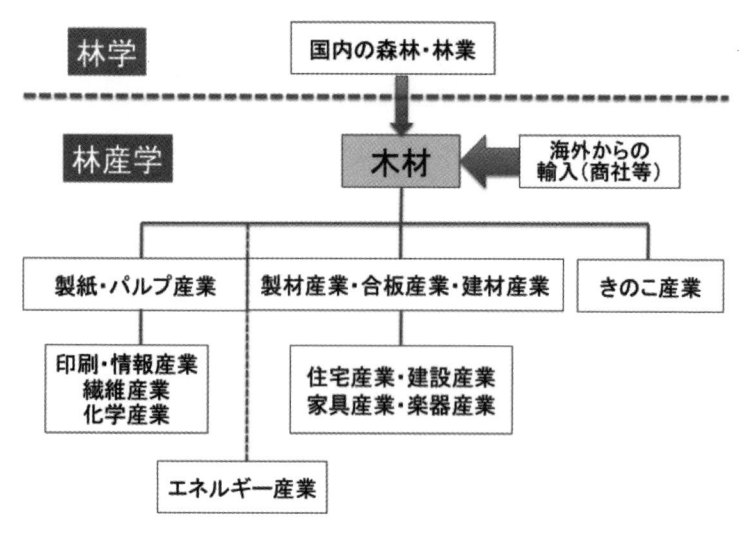

図7.1 林産学の位置づけと対象となる産業分野

なことから，林産学という学問分野をリニューアルした姿で再構成しなければならないと考えている．そこで，本稿では「林産学ルネッサンス」というタイトルを掲げて，我が国における木材利用と林産学が辿ってきた道，そして今後に進むべき道筋について述べさせていただきたいと考えている．

2. 我が国における木材利用と林産学が辿ってきた道

生活の中に人が木材利用を取り込むようになったのは大昔まで遡ることができるが，ここでは第二次世界大戦以降の我が国での木材利用と林産学が辿ってきた道に話を留めさせていただく．

林野庁が取りまとめた昭和 30 年度（1955 年）から平成 24 年度（2012 年）までの我が国における木材需給の推移を図 7.2 に示す．第二次世界大戦中の国内での多大な木材需要を賄うため，我が国では無計画な伐採が行われて多くの森林が荒廃した．また，戦後においても，この統計図の起点となる 1955 年頃は我が国の木材需要の大部分は国産材で賄われていた．このようなことから，国土保全と木材の持続的な供給を維持していくため，我が国では 1950 年代から 1970 年代に至

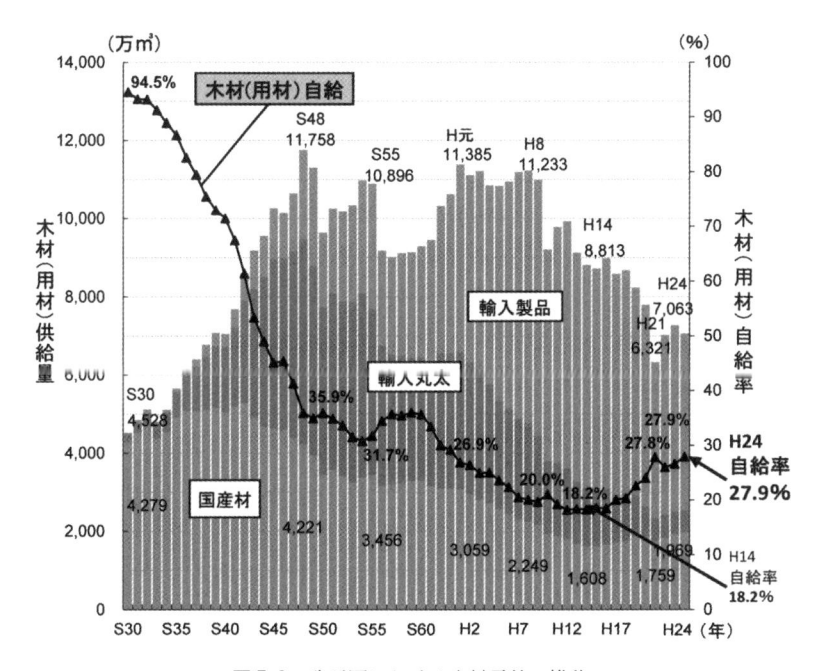

図 7.2 我が国における木材需給の推移
資料：林野庁「木材需給表」．
注：数値の合計値は，四捨五入のため計と一致しない場合がある．

るまで大規模な拡大造林が行われた．一方，その間，我が国では急速な経済成長が始まり，1955年頃は年間4,000万m³強であった木材需要は右肩上がりで増加し，昭和48年(1973年)には年間需要は12,000万m³近くに至っている．その後，1973年ならびに1979年に始まった2度のオイルショックの影響を受けて，木材需要は一時的には減少したものの，1990年代初頭にバブル経済が崩壊したにも関わらず，円高の為替レートが続いた1990年代の中頃までは輸入に支えられて，木材需要は年間11,000万m³以上の高い水準を維持してきた．

このような長期にわたる高い水準での木材需要を，当時は造林と育成段階にあった我が国の森林では木材供給源として対応することはできなかったこと，さらに急速な円高により国産材が国際的な市場競争力を失っていってしまったこと等の理由により，我が国では木材需要の多くを海外からの輸入に依存することとな

った．また，そのような動きは，我が国に対する木材貿易が1964年に自由化されたこと，その後，ウルグアイラウンド交渉での合意としてのWTO協定により木材は非農産物として鉱工業製品に分類されること等により拍車がかけられた．その結果，昭和30年度（1955年）には94.5%であった我が国の木材自給率は1975年頃には35%前後までに低下し，その後も減少が続いて平成12年度（2000年）には18.2%にまで落ち込むに至っている．また，1980年頃までは北米や東南アジア諸国からの丸太の輸入が中心であったが，その後，製材品の輸入に置き換わっていき，現在では大部分の木材輸入が製材品やチップとなっている．また，その輸入元も南米，オーストラリア，さらに欧州や南アフリカ等を含めて以前とは大きく異なり多様化してきている．

我が国の木材需要は1990年台の中頃までは高い水準が維持されてきたが，その後，住宅着工数の減少，木材利用に対する意識離れ，情報の電子化による紙需要の低下等，様々な理由によって低迷し，現在では，最高時の2/3にも満たない年間7,000万m^3程度に留まっている．この中で，今世紀のはじめは1,600万m^3程度であった国産材の生産量は，その後は僅かずつ増加してきており，平成24年度では生産量としては2,000万m^3に近づき，また自給率としても27.9%に至っている．

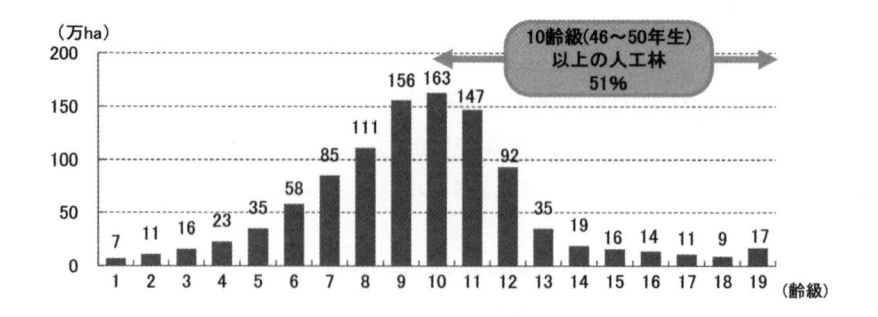

図7.3 我が国の人工林での齢級別面積
資料：林野庁業務資料（平成24年3月31日現在）．
注1：齢級（人工林）は，林齢を5年の幅でくくった単位．苗木を植栽した都市を1年生として，1〜5年生を「1齢級」と数える．
注2：森林法第5条及び第7条2に基づく森林計画の対象となる森林の面積．

このことは，我が国における木材の輸入量が以前と比べると大きく減少していることが理由に上げられるが，我が国での木材需要に対する木材の供給体制は，再び，国内資源による供給体制，すなわち国産材利用の拡大に向かいつつある．さらに，戦後の1950年代から1970年代までを中心に拡大造林された人工林での樹齢構成は，現在，40～60年に達してきており（図7.3），我が国の森林は育成の時代から利用の時代に大きく移行しつつある．また，現在，我が国における人工林内での木材資源の年間増加量は8,000万 m³ にも及んでいると推定されており（図7.4），

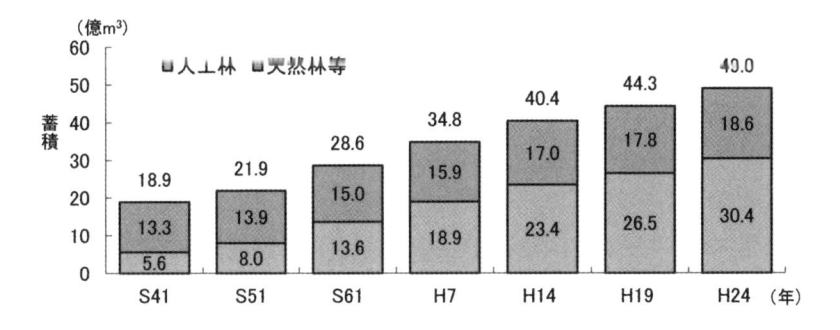

図7.4 我が国での森林資源の推移
資料：林野庁業務資料（各年の3月31日現在の数値）．
注：総数と内訳の不一致は，単位未満の四捨五入による．

その木材供給ポテンシャルは我が国の木材需要の大部分を賄うことができるレベルに達している．このようなことから，平成21年（2009年）12月には林野庁から「森林・林業再生プラン」が公表され，これが起点となり平成23年（2011年）7月には新たな森林・林業基本計画が閣議決定された．この中では，平成32年度（2020年）までに，国産材の年間生産量を3,900万 m³ として，また木材需要自給率50％を達成していくことが目標として掲げられている．このように，今，我が国の森林，林業，木材利用は新たな時代を迎えようとしている．

　林産学を取り扱う学会として日本木材学会が発足されたのは1955年であり，それを追うようにして全国の各大学において林学科から独立する形で林産学科が設置された．その背景には，来るべき木材の利用拡大を支える学問ならびに技術基盤の強化があったと推察している．このような林産学科の位置づけと発足の理由

表7.1 我が国における木材利用と林産学が辿ってきた道筋

1955年頃：日本木材学会の設立．全国の各大学において林学科から独立する形での林産学科の設置．
1964年：我が国への木材貿易の自由化．
1974年頃：ツーバイフォー工法の北米からの導入と木質住宅構造における枠組壁工法が導入．
1960年-1980年代：高度成長期．パルプ産業の大型化に伴い，廃液処理をめぐる公害問題の発生．東南アジアにおける木材の過剰伐採による森林環境破壊．これらの問題が，木材利用と林産学に対して負のイメージを与える．
1973年-1980年頃：2度のオイルショック．1955年以来，右肩上がりで伸び続けた国内木材需要が頭打ち．
1980年代：オイルショックの影響で，省エネ技術や石油資源代替のためのバイオマス利用への期待．
1981年：建築基準法改正による新たな耐震基準の導入
1990年以降：集成材の利用や大型木造建築物の建築が広がる．
1995年：阪神・淡路大震災で，木造建物の耐震の重要性が問われる．
1995年：日本木材学会創立40周年記念大会において，「化石資源から木質資源」へと題した宣言が採択．
1995年：ウルグアイラウンド合意により木材関税率ゼロに向けて大幅引き下げ．
1995年以降：大学の大学院重点化により，林産学科という名称が組織名から消えた．例えば，東京大学の場合，生物材料科学専攻と名称が変更された．森林科学系あるいは応用生命系に統合された林産学科も多い．
1995年以降：木材需要が右肩下がりで減少．その原因は住宅着工数の減少，紙需要の低下等が考えられる．
1997年：京都議定書の採択．
1999年：当時のクリントン米国大統領が「バイオ製品およびバイオエネルギーの開発・普及に関する大統領令」として発表．
2000年：建築基準法改正．耐力ならびに耐火などの性能基準を満せば，大規模建築物や都市部での木造建築が可能となる．
2002年：バイオマス・ニッポン総合戦略の発令．木材を始めとするセルロース系バイオマスの利用拡大が注目され，その後，林産学分野関連の研究者の多くも，その中に取り込まれる．
2008年-2012年：京都議定書の第一約束期間．1990年に比べて，温室効果ガス排出を6%削減すること，森林による吸収3.8%が求められる．未利用間伐材（年間2000万m^3発生）の用途開発が求められている．
2009年-2012年：「森林・林業再生プラン」の策定．これに基づき，「公共建物等における木材の利用推進に関わる法律」，「新成長戦略」の中で林業再生・木材利用の拡大を国家プロジェクトとして推進され，さらに「再生可能エネルギー固定買取制度」等，木材の利用拡大を強く推進する施策が次々に打ち出されている．
2011年：東日本大震災，福島第一原発事故
2013年：「日本再興戦略」の策定．さらなる林業再生・木材利用の拡大が求められる．

については納得ができるものであるが，その後の我が国の急速な経済成長に伴う木材需要の大幅な増大，その資源の大部分を海外からの輸入に依存することになったこと，さらに木材の利用技術に関連する基礎学ならびに応用学が欧米において先行していたこと等の理由により，我が国で林産学に携わる研究者の多くは海外と向かい合う形で木材利用に関する研究に取り組むことになった（表 7.1）．

　このような事情により林産学は林学の中にいた時代とは大きく異なる道筋を歩むことになった．また，我が国での木材需要は木造住宅等を建設するための構造用材としての利用と紙等の繊維材料を生産するためのパルプ用材としての利用が主要な位置づけとなっている．そのため，林産学に携わる研究者の多くは基礎学にしても，応用学にしても，何らかの形でいずれかの用途との関わり合いの中で研究を行ってきた．

　林産学が取り扱う構造用材としての研究には，様々な樹種の樹木から生産される多様な木材の組織構造ならびに基本物性，構造材として利用する場合の特性，木材の加工技術ならびに複合化技術，木造住宅等を建設する際の木質構造とその関連技術，さらに木材の長期間利用を行うための保存技術等の分野が関わっている．その中で，海外からの木材の輸入拡大に伴って，それまでの我が国の伝統的な木造建築工法である柱と梁を組み合わせた軸組工法に対して，1970 年頃に北米からツーバイフォー工法と呼ばれる枠組壁工法が導入された．これによって，我が国の木造建築は大きく国際対応を迫られることとなった．また，1980 年代以降，特に 1990 年代以降になると，断面寸法の小さいラミナと呼ばれる木材を接着剤で貼り合わせて大断面を持つ集成材と呼ばれる木質材料とそれを利用する技術が欧米から導入されてきた．これによって，これまでは小規模の住宅等の建築材料として位置づけられてきた木材利用から大型建物のホールやスポーツ会場等の公共施設が非都市部でも建設できるようになってきた．また，集成材の大きな特徴として強度性能が均一なことや狂いなどが少ないことがあげられる．このため，集成材の導入は木造建築の施工技術にも革新的な変化を与えることになった．すなわち，集成材の導入以前では木造住宅は施工の現場で大工さんが木材を各部材に加工して組み上げるものであったのに対して，集成材の導入以降は工場で木材をコンピューター制御に基づいて設計図に従って各部材に加工する技術，所謂，プレ

カット工法が木造住宅の建設技術の主流となってきた．これにより，大工さんはあらかじめ加工された各部材を施工現場で図面に従って組み上げるだけの作業を行うこととなり，その仕事の内容と流れが大きく変わった．いずれにしても，施工期間の大幅な短縮化と効率化が可能となったため，我が国における木造住宅産業では多くはプレカット工法を次第に増加し，現在では，大部分がプレカット工法を採用している．また，集成材ならびにその利用技術は欧米から来ており，そのため，ここでも林産学の研究者は海外と向かい合うこととなったが，集成材の技術は国産材の市場に対しても大きな影響を与えた．カラマツは成長が早く，得られる木材の比重が大きく，強度的には優れた性能を持つことから，戦中，戦後に，北海道，岩手，長野等の人工林に多く植林された．一方，カラマツ材の欠点として狂いが大きいため用途が限られていたが，集成材の技術を導入することによって，この欠点を克服することが可能となった．また，強度的に優れていることから，大規模な施設を建設するためにはカラマツは適した木材と言える．集成材の普及に伴ってカラマツ材の用途は著しく拡大し，平成24年度の統計ではヒノキ材の需要を上回る結果となっている．このようにカラマツ集成材の利用は，国産材の利用拡大に海外から導入した技術を活用した良い例と言える．ちなみに，東京大学農学部の弥生講堂の構造部材は岩手県産のカラマツ集成材を利用している．いずれにしても，林産学の中で建築用材としての木材利用技術に携わってきた研究者の多くにとっては，海外から導入されてきた木材や技術を我が国の木造建築にどのように取り込んでいくかが大きな課題となってきた．

　また，木造建築に携わってきた林産学の研究者にとって，耐震と耐火は我が国の自然環境と社会環境の歴史的な背景に基づく大きな課題である．耐震については木造建築だけの問題ではないが，木造建築の構造設計においては常に大きな課題として取り扱われてきてきた．一方，耐火については，関東大震災や第二次世界大戦中の空襲による都市部での木材建築物の火災等の悲惨な経験から，我が国では大規模建築物や都市部での木造建築物の建設に対しては長年に渡って大きな制約が設けられてきてきた．しかしながら，平成12年（2000年）になって漸く建築基準法が改正され，耐力や耐火の性能が満たされれば，大規模建築物や都市部での木造建築物の建設が可能となった．このような中で，ごく最近になって，高耐

火性の木質材料が開発されるに至り，都市部での木造建築は新たな時代を迎えようとしている．

　一方，木材のもう一つの大きな用途である紙の生産ならびに利用技術においては，林産学の研究者の多くは木材を構成する主要な成分であるセルロース，ヘミセルロース，そしてリグニンに関する化学を基礎学として，さらに応用学としては紙を生産する過程でのパルプ化技術や抄紙技術，さらに印刷技術等の研究に従事してきた．また，これらの基礎学や応用学は欧米で培われてきたため，海外での留学経験を有する研究者が林産学の分野では相当数にのぼることから，我が国での林産学の礎は欧米にあると言っても過言ではない．その結果として，我が国で林産学に携わる研究者は海外に多くの人的なネットワークを形成しており，海外研究者との共同研究等を通して国際的にリードしてきた研究例も少なくない．

　さらに，資源問題や環境問題は林産学の歴史の中で常に大きな位置づけとなってきた．我が国の高度成長期には木材需要が大幅に増大したことについてはすでに述べたが，この需要を満たすために多量の木材を東南アジア等の発展途上国から輸入し，そのため，これらの国々での森林破壊を引き起こす大きな要因となった．また，高度成長期における紙需要を支えるために巨大化したパルプ製造工場からの廃液による湾岸部のヘドロ問題を引き起こした．このように大量の木材資源を利用する産業をバックに有する林産学では，資源問題や環境問題と常に向かい合うような状況が1950年代から1990年初頭のダイオキシン対策の問題くらいまで続いて来た．そのため，林産学は産業的には重要な位置づけにあるにも関わらず，どちらかというとダークなイメージで捉えられてきた面もある．しかしながら，海外からの木材資源の問題については，その後，製紙会社や建材会社等が計画的な海外植林を精力的に展開してきたことにより多くの問題を解決してきたし，また，廃液の問題については廃液処理技術の向上により，さらにダイオキシン対策の問題に対してはパルプの漂白工程での脱塩素化技術の導入等により解決してきた．一方，2度のオイルショック以後，石油資源に替わる資源としての木質資源の利活用，所謂，木質バイオマスの利活用が1980年代になると大きく注目されるようになった．また，1990年代に入ると地球環境の維持，特に温室効果ガスとしての二酸化炭素排出の抑制に対する機運が国際的に高まってきた．このような中，

1995年に設立40周年を向かえた日本木材学会は，木材の利用拡大に向けた決意表明として「化石資源から木質資源へ」というタイトルで以下に示すような大会宣言を行っている．

「我々は，21世紀への人類文明の進展を図るために，資源とエネルギーを大量に消費し，処理の困難な廃棄物を大量に生み出している現在の資源利用システムを，地球環境保全，持続的な資源確保が保障される人類生存の基本に合致したシステムに変換しなければならないと考える．このような観点から木質資源の生産と利用を考察した結果，資源の再生産性，資源生産時の環境保全性，そして建築資材，化学原料への加工・解体・廃棄・再利用過程における省エネルギー性，低公害性において，この木質資源利用システムは他資源のそれに比べてはるかに優位であることを確認した．ここに，化石資源に依存した現在の生活方式を，木質資源を中心とする生物資源を基盤にしたシステムへ変換することの必要性を強く訴えるものである．なお，この変換を実現するためには，技術開発を進めることはもちろん，各人が強い決意を持って日常の生活を点検し，環境への負荷が少ない生活スタイルを受け入れるなど，新しい価値観を創成しなければならない．」

森林を伐採し，そこから木材を取り出すことは環境破壊に繋がると信じていた人も少なくない1990年代に，日本木材学会はなかなかチャレンジングな宣言をしたものだと今でも思っている．その後，1997年12月に京都で開催された第3回気候変動枠組条約締結国会議（COP3）において採択された京都議定書に基づく各産業分野に対する二酸化炭素排出削減の要請ならびに森林による二酸化炭素吸収量確保のための森林整備の推進，また今世紀になってから世界的に展開している脱化石資源化社会を目指して加速化したバイオマス利活用に関する動きによって，この20年間，林産学の国際社会的な位置づけは大きく変わろうとしている．

また，最近では，国産材の生産を取り巻く国内の社会的要請の動きも大きく，すでに述べたように2020年までに国産材利用の倍増化を目指した木材利用の拡大に係る法案や制度の整備，二酸化炭素排出削減への伐採木材製品（HWP：Harvested Wood Products）算定評価制度の導入，さらに木質バイオマス発電事

業による電力の固定買取制度（FIT：Feed-In Tariff）の導入等，様々な形で木材利用の推進ならびにそれに向けた対応が求められており，現在，林産学が取り扱わなければならない新たな課題は多い．

3. 欧州森林国から学ぶべき森林経営と木材産業のあり方

これまで，我が国の木材需要があまりにも海外からの輸入に依存してきたこともあり，木材を利用する立場の人たちや林産学に携わってきた研究者たちには海外志向が強いことについてはすでに述べた通りである．また，1990年以降，最近の20年間は輸入木材の大部分は製材品やチップとして輸入されてきたことから，我が国の国産材利用においては森林から木材の最終的な利用までを一貫的なプロセスとして捉え，全体を効率的にシステム化するような発想が林産学の分野ではなかなか醸成されてこなかった．

このような中で，1995年頃から，我が国ではスウェーデン，フィンランド，オーストリア等の欧州の森林資源国から相当量の木材を輸入し始め，2005年頃までの10年間にその量が著しく増加してきた．欧州にある遠方のこれらの国，しかも労賃等も安いとは言えないこれらの国が我が国に木材を輸出していることは驚きであるし，その理由については是非とも解き明かさなければならない課題と捉えた．

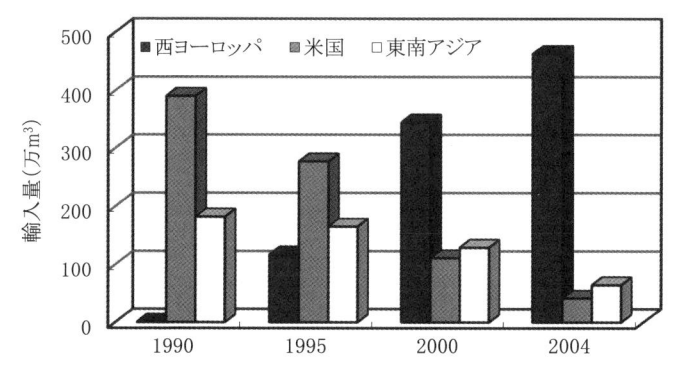

図7.5　我が国での輸入木材製材品の推移
（平成18年版森林・林業白書データから作図）

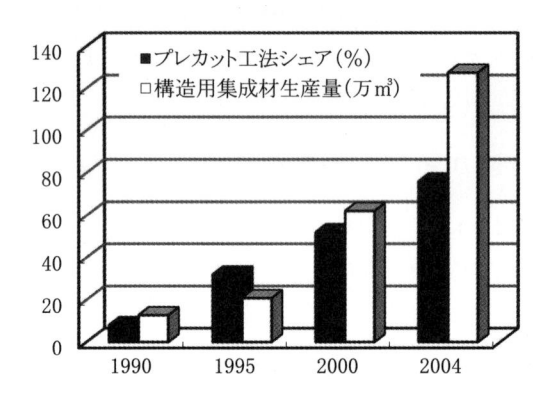

図 7.6 我が国での集成材とプレカット工法普及の推移
（平成 18 年版森林・林業白書データから作図）

　いろいろな調査を行った結果,これらの国々では集成材の加工技術と利用技術が先行していたこと,また,すでに述べたように我が国の木造建築分野でのプレカット工法の普及というニーズとこの技術が非常に良くマッチングしていることが理由として考えられた（図 7.5 および図 7.6）.

　また,いずれの国においても森林資源を自国の財産として認識した上で,森林から木材の最終利用に至るまでを一貫した流れの中で捉えて関連する産業との連携体制を強化し,その中で得られた利益を地域の住民や森林所有者に還元しながら,林業,木材製材産業,その下流にある紙パルプ産業やエネルギー産業等をシステム化した効率的なビジネスを営んでいる（図 7.7）.

　例えば,我が国には現在 700 近い森林組合が存在するが,スウェーデンには僅か 4 つの森林所有者組合しか存在せず,林業の大規模な集約化に成功している.このように大きく組織化された森林所有者組合では,広大な森林を計画的に経営することで,多量の木材のロットとして動かすことが可能になるばかりでなく,資本力をバックに大型の高性能林業機械を導入することで林業施業を効率的に行なうことができる.その結果,我が国では 1m^3 あたり集材コストが 7,000 円程度かかるのに対して,スウェーデンでは 1,500 円程度と大幅な集材コストの削減を達成することに成功している.また,森林所有者組合は巨大な製材工場を保有してお

り，ここに集材された多量の丸太は集成材の原料となるラミナと呼ばれる製材品，パルプとなるチップ，そしてエネルギー化されるおが屑等に加工される．ある森林所有者組合の事業所の例では，1年間に180万 m³ の丸太を取り扱っているが，これを原料に90万 m³ の製材品，60万 m³ のチップ，さらに30万 m³ のおが屑を生産している．

また，表7.2に示すように，それぞれの製品 1m³ の単価を 50,000円，7,500円，3,000円とすると，製材工場の収益の大部分は製材品の売り上げとなるが，その下流産業である紙パルプ産業やエネルギー産業に対して安価な原料を多量に安定供給するシステムが構築されており，森林所有者から末端の利用産業に至るまでのそれぞれに対して Win-Win の関係が成立している．このようなことから，我が国の森林，林業，そして木材産業の関係が上手く繋がっていない原因はまさにここ

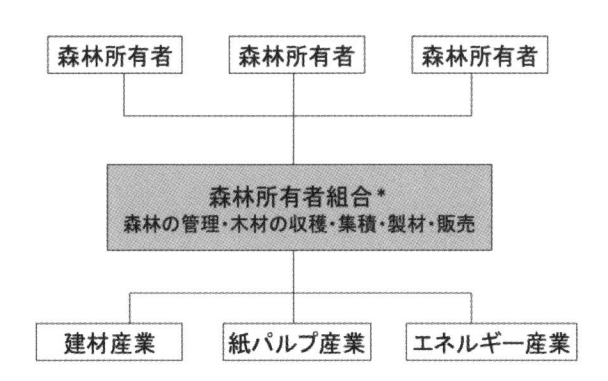

図 7.7　スウェーデンにおける森林所有者組合の位置づけ

表 7.2　スウェーデンの森林所有者組合での木材製品生産額（試算）

品目	生産量 (万m³)	推定単価 (円/m³)	推定生産額 (億円/年)	生産額中で占める比率 (%)
建築用製材品	90	50,000	450	89
パルプ用チップ	60	7,500	45	9
燃料用材 おが屑等	30	3,000	9	2
合計	180	-	504	100

にあるといえる.

　ちなみに, 我が国の国土面積あたりの森林資源のポテンシャルは欧州の森林国にまったく遜色ないが, 森林の単位面積あたりの木材生産量は僅か1/3〜1/4程度である. また, 木材のマテリアル利用とエネルギー利用が欧州の森林国では実に巧みに連関されており, 製材工程で必要な熱エネルギーや電気エネルギーを木質バイオマスとして自立的に供給しているばかりでなく, 余剰分については地域にエネルギーとして供給している. 我が国では, 森林整備のために継続的な間伐施業が行われてきているが, 間伐材のような低質木材については経済的な理由により, これまで伐採後, 林内に放置されることがほとんどであった. これを林地残材あるいは未利用間伐材と称しているが, その量は年間あたり2,000万m^3にも及ぶと推定されている. 現在, これらの未利用間伐材をバイオマス発電用の燃料に利用することが考えられているが, すでに述べたように木材のエネルギー利用はマテリアル利用との一体化の中で考えていくことが経済的に有利であるし, また環境や資源の持続性のことを考えても, このことは重要である.

　また, スウェーデン, フィンランド, オーストリアの3カ国を比べると, それぞれの国が異なるポリシーを持って森林経営や木材利用に携わっていることが理解できる. スウェーデンは社会を全体主義的に捉えているように見える. スウェーデンには森林所有者組合が全国に4つしか存在せず, この組合が森林所有者と木材産業との繋がりの中核となって地域に密着した全体組織として機能していることから理解できる. 一方, フィンランドはこれとは異なり, 大規模な森林企業による統合的なビジネスとして森林経営と木材利用を行っている. スウェーデンとの違いは, 大企業の中に部門としてエネルギービジネスや情報ビジネスまでを取り込んでしまっている点が上げられる. いずれにしても, スウェーデンとフィンランドについては, 森林経営と木材産業の連携が成功した理由を大規模化と効率化の中で捉えることができる. 一方, 我が国と同じように森林と地域が山地に囲まれて散在するオーストリアについては, それだけの理由で捉えることは必ずしも妥当とは思えない. オーストリアにおける一つの大きな理由は地域と森林の結びつきの強さ, そして地域の人たちの森林と木材利用に対する思い入れの深さが森林経営と木材産業の中で重要な役割を果たしているように思える. このことは, 彼

らとの会話の中で地域, 伝統, 歴史という言葉がしばしば出てくることが一つの根拠となるし, また, 驚くべきことに, オーストリアでは木材総需要の 60％は地域でのエネルギー利用で占められているが, その中でも家庭用の薪ストーブやペレットストーブ, 小型の木質バイオマスボイラー等のエネルギー源が占める利用割合の高さ, そして小規模なエネルギー利用の積み上げが木材需要全体の中で大きな位置づけとなっていることからもその事が窺い知れる.

いずれにしても, 欧州の森林国から森林経営と木材利用の推進について以下のようなことを学びとることができる.

- 材料の供給側と材料の利用側とのマッチングの重要性
- 製品の品質管理 (乾燥材) と安定したサプライチェーンの構築
- 統合的ビジネスとしての木材利用
- 全体をコントロールできる組合や企業の存在
- マテリアル利用とエネルギー利用のバランスの適正化
- 新技術導入への積極性, デザイン力と展開性の強さ
- 自国や地域の資源とその利用に対する思い入れの深さ

今世紀に入って以降, 林業や木材利用関係者 (林産学関係者) の中には, 欧州の林業や木材利用のあり方について興味を持つ人たちが増えているが, その本格的な展開は緒についたばかりである.

4. 我が国の林産学と木材利用はルネッサンス期を向かえている

我が国の林産学は海外を見ながら育ってきた学問領域である. その理由については, すでに繰り返し述べてきたように, これまで我が国の木材利用が海外からの輸入によって支えられてきたこと, また, 木材利用に関する技術の多くが海外から導入されてきたことがあげられる. また, 我が国では, 林産学を生かす場である大規模な木材関連産業の多くも海外との繋がりの良い港湾部に立地している. これらの点において, 林産学は農学に属する他の分野とは大きく背景が異なって

いる．しかしながら，海外を見てきた我が国の林産学も欧州の森林国と同じように，本腰を入れて自国の森林資源とその活用に目を向けなければならない時代になっている．

　林産学の主な研究対象は木材であることは言うまでもないが，現在，この中で特に化学系の分野に属する研究者の中には，木材の延長線上に，草本類や藻類等のバイオマスを含めたより広範囲の生物起源の原料を研究対象にしている人も少なくない．また，化学的な変換技術に加えて微生物あるいは酵素を利用する生物工学的な変換技術の確立に向けた研究を進めている人も多い．これらの分野においては，木材を始めとするバイオマスを化石代替資源として位置づけるばかりではなく，新規の高機能ナノ材料や複合材料の開発に向けて展開をも行っている．また，生物界での主たる木材分解者として知られる木材腐朽担子菌については，食用キノコを生産する産業としてすでに林業分野では全体の生産額の半分以上を占める大きな産業に成長しているが，これらの生物機能をバイオマス変換利用のツールとして活用していくことについても研究が展開されている．また，このような新分野のさらなる展開を図っていくために，遺伝子情報の利用技術や微細な分子構造や組織構造を観察する基盤技術の導入も林産学の分野では積極的に進められている．一方，林産学の応用出口として最も重要な分野は，今後とも木材の建築や構造材料としての利用であることは言うまでもないが，都市部への大型の木造建築物進出に資する耐力と耐火性能を有する新規木質材料や木質構造部材の開発，さらに木質構造学についても注目すべき進展が多い．さらに，最近になって，未利用間伐材や低質木材等を利用した発電や熱エネルギー利用に対しても大きな注目を浴びている．また，木材のエネルギー利用については，熱電を併給する効率的なエネルギー変換を目的とした技術開発も重要である．現在，このように木材の利用目的は多様化し，また再び拡大しつつある．林産学は，このような展開に対応する要素技術についてはすでに大きな進展を見せているが，今後，さらに力を入れていかなければならない点は，欧州の森林国が行ってきたような自国の森林からの持続的な木材の供給から最終的な木材利用までの一貫した全体システムのデザインとその社会実装ではないかと思っている．また，それを支えるためには資源，物流，市場を繋ぐ情報科学や情報処理技術の確立と利用を積極的に考えて

行くことが重要であり，林産学と木材利用の将来を切り開くためにも不可欠であると考えている．

　以上述べてきたように，我が国における林産学は海から山へ向かわなければならないと同時に要素技術からシステム技術に向かわなければならないルネッサンス期にある．その中では，従来からの分野をさらに深化させていくことだけではなく，他分野との連携や新たな分野の開拓に積極的に取りくみ，これらを統合的にシステム化することが必要である．その上で，我が国が持つ確かな資源としての森林の再評価と多面的な木材の利活用の推進において，真摯に取り組むべき時期になっていることを大いに意識しなければならない．そのことが，まさに林産学ルネッサンスの意味するところと言える．

第8章 農業の技術革新と経営革新
－農業経済学はイノベーションをどう捉えてきたか－

生源寺 眞一
名古屋大学

1. はじめに

　1955年にスタートした高度成長期と1974年以降の安定成長期,そして1991年初頭のバブル経済崩壊後のいわゆる失われた20年を経て,今日の日本社会は成熟のステージへの着地を模索している．この章では以下の論点に着目し,経済学の基本概念を援用しながら,戦後日本の経済環境の大きな変化が農業のイノベーションのあり方,すなわち農業技術の開発・普及と農業の経営革新に与えたインパクトを振り返る．

　戦後の食料難の時代から高度成長・安定成長期にかけて,農業のイノベーションをリードしたのは農業技術の開発・普及であったが,その重心が増収型の技術開発から省力型の技術に移行したことも確認できる．食料が不足した時代から労働力が不足する時代への推移のもとで,技術革新にこのような方向転換が生じたことは,経済環境の変化に対する農業の合理的な適応であった．

　成長一本槍という日本社会の空気が過去のものになるとともに,地域社会あるいは地球社会の環境問題に対する認識が深まっていく．これは環境保全に向けた技術開発の新たな挑戦が登場したことを意味する．この分野における農業技術の開発・普及は,市場経済の価格シグナルの存在しない領域の取り組みである点で,増収技術や省力技術のケースとはやや異質な要素を含んでいる．

　経済成長の終焉から成熟社会の模索期への移行は,日本の食料消費が飽和の段

階に入った時期とも重なっている．言い換えれば，国内のマーケットは横ばいから縮小局面に移行しており，日本の農業や食品産業が健全なかたちで生き残るうえで，ライバルとの差別化戦略，すなわち海外からの輸入食料に対する差別化戦略の重要性がいちだんと増している．課題のひとつが消費者との良好なコミュニケーションの形成である．

農業経営と食品産業のビジネスはどのような関係を築くべきであろうか．経済成長によって誕生した高所得社会は，毎日の食生活の面では加工食品や外食の利用比率の上昇につながった．現代日本の農業は食品産業（食品製造・食品流通・外食）との結びつきなしには成り立たないと言ってよい．農業分野のイノベーションについても，物的な意味での技術の開発・普及だけでなく，新たな組織形態や販路の開拓といった経営革新が一段と注目される時代を迎えている．

2. ＢＣ技術とＭ技術

技術進歩とは同量の土地や労働力や生産資材の投入のもとで，従前よりも多くの生産物を得られるような新技術の開発と普及を意味する[注1]．これが技術進歩の経済学上の定義であり，国民所得の増加にも貢献する．農業であれば，技術進歩によって従来よりも多くの作物や畜産物が生産されることになる．同量の生産物に必要な労働時間や土地面積が節約されると言ってもよい．

経済行為としての農業の目標は高い労働生産性にある．投入された労働当たりでどれほどの成果が得られたかが問われるわけである．1人当たりの生産額が問題だと言ってもよい．このことは農業以外の産業についてもあてはまる．そのうえで高い労働生産性をもたらす新技術の開発と普及について，農業経済学はふたつの側面から把握してきた．いま農産物をY，土地面積をA，労働力をLで表すならば，農業の労働生産性Y/Lは，次の恒等式によってふたつの要素に分解できる．

$$Y/L \equiv Y/A \times A/L$$

右辺の第1項Y/Aは土地面積当たりの農産物，つまり土地生産性を表している．そして第2項A/Lは労働投入量当たりの土地面積であり，これを土地装備率と呼ぶことにしよう．土地装備率とは農業の従事者当たりで耕作可能な面積にほかならず，農業の労働生産性は土地生産性と土地装備率のふたつの要素で決まるわけ

である.このうち土地生産性を左右する技術的な側面は品種や栽培法などである.これに対して,土地装備率の水準を規定する基本的な要素は,どれほどの性能とパワーを備えた機械や施設を利用できるかにある.

　農業経済学では,土地生産性を左右する品種や栽培法などの技術を Biological and chemical 技術,略して BC 技術と呼んでいる.日本語にすれば生物化学的な技術である.農業技術の BC プロセスと表現されることもある.一方,高い土地装備率につながる農業技術の側面を Mechanical 技術,略して M 技術(M プロセス)と呼ぶ.工学的な技術と訳される場合が多い.BC 技術と M 技術の二分法は今日の農業経済学では標準的なアプローチとなっている.

　戦後の日本社会は極度の食料不足のなかで再建の歩みをスタートした.多くの農地が荒廃したこともあって,日本農業の食料供給力は極端に低下していた.敗戦によって植民地からの米の移入もストップする.他方で海外からの復員兵や引

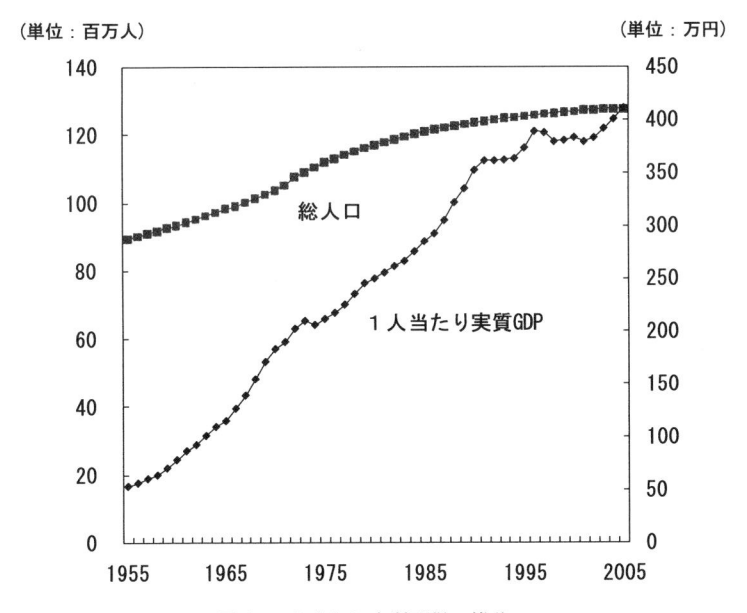

図1　1人当たり実質所得の推移
資料：内閣府「国民経済計算関連統計」,総務省「国勢調査結果」「人口推計」.
注：実質 GDP は 1990 年固定価格.

揚者を迎えることで,日本列島で生活する人口も急増した.供給と需要の両面の要因で,日本の食料不足は深刻化することになった.

　食料増産は戦前においても農業の技術開発の基本方向であった.それが一段と強く求められる状態が現れたわけである.増収につながる品種や栽培法,すなわちBC技術の開発は,戦後の食料不足の時代のニーズにマッチした新技術であった.けれども時間の経過とともに,食料増産に対する強いニーズには陰りが見えはじめる.ほかならぬ増産型の新技術の普及が,食料の供給量のアップをもたらしたことも大きい.

　1955年に高度経済成長の時代がスタートし,1960年には国民所得倍増計画が閣議決定される.1961年からの10年で国民所得を倍増するという経済計画であった.ちなみに10年で倍の経済成長に必要な年率は7.2%であるが,高度成長期にはこれを上回る年成長率が実現している.オイルショック後の1974年にはマイナス成長を記録するが,その後も安定した成長が続いた.1955年を起点とする半世紀のあいだに,日本の1人当たり実質所得は7.7倍に増加した.図1によって,

表1　品目別食料消費量の推移

年度	1955	1965	1975	1985	1990	1995	2000	2005	2010	2005年度/1955年度
米	110.7	111.7	88.0	74.6	70.0	67.8	64.6	61.4	59.5	0.55
小麦	25.1	29.0	31.5	31.7	31.7	32.8	32.6	31.7	32.7	1.26
いも類	43.6	21.3	16.0	18.6	20.6	20.7	21.1	19.7	18.6	0.45
でんぷん	4.6	8.3	7.5	14.1	15.9	15.6	17.4	17.5	16.7	3.80
豆類	9.4	9.5	9.4	9.0	9.2	8.8	9.0	9.3	8.4	0.99
野菜	82.3	108.2	109.4	110.8	108.4	105.8	102.4	96.3	88.1	1.17
果実	12.3	28.5	42.5	38.2	38.8	42.2	41.5	43.1	36.6	3.50
肉類	3.2	9.2	17.9	22.9	26	28.5	28.8	28.5	29.1	8.91
鶏卵	3.7	11.3	13.7	14.5	16.1	17.2	17.0	16.6	16.5	4.49
牛乳・乳製品	12.1	37.5	53.6	70.6	83.2	91.2	94.2	91.8	86.4	7.59
魚介類	26.3	28.1	34.9	35.3	37.5	39.3	37.2	34.6	29.4	1.32
砂糖類	12.3	18.7	25.1	22.0	21.8	21.2	20.2	19.9	18.9	1.62
油脂類	2.7	6.3	10.9	14.0	14.2	14.6	15.1	14.6	13.5	5.41

資料:農林水産省「食料需給表」.
注:1人1年当たり供給純食料.

その大半がバブル経済の崩壊以前の時期に実現されたことも確認できる.

経済成長とともに食料消費も大きく変化した. 表1には, 同じく1955年を起点として, 1人当たりの消費量の推移を示した. 半世紀のあいだに著増したのが, 動物性タンパクと油脂の消費である. このように実質所得の急上昇とともに, 食料難の日々は過去のものとなった. 一方, 大きく伸びた品目とは対照的に, 米の消費減少には歯止めがかからない. ピーク時の1962年の118キロに対して, 今日ではほぼ半減である. このような米の消費の落ち込みは生産調整につながった. 減反と呼ばれた生産調整政策が1970年に本格的に開始された.

消費減と技術進歩や水田造成による供給増とがあいまって, 政策的に米の減産に踏み切る事態をもたらしたわけである. 少なくとも稲をめぐる農業技術について, 収量の向上を追い求める強いインセンティブは働かなくなった. むろん, 稲に関する研究開発が全体として低調になったわけではない. 品種開発や栽培技術の改良にも引き続き力が注がれた. けれども, その重心は食味の良い品種とこれを支える栽培技術の開発へとシフトした.

研究開発の重心の変化という点では, 高度成長と安定成長のプロセスで, 農業の研究開発に対して, それまでとは異質の誘因が働いたことが重要である. それは農業生産の省力化の要請であり, 労働節約型の農業技術体系への強い要請である. このような要請の背景には, ハイペースの経済成長に伴う第2次産業, 第3次産業からの旺盛な労働力需要があった. 戦後の過剰な労働力の時代とはうって変わって, 人手不足が叫ばれるようになったわけである. 求められたのは, 少ない労力で耕作を可能にするM技術の革新であり, 普及であった. 日本におけるM技術の革新を象徴するのが, 1968年に開発された田植機であった[注2].

経済成長下の新しいM技術の普及については, すぐあとで確認するように, 経済環境の変化が賃金の急上昇という価格シグナルを通じて, 農業に合理的な適応を促していた面がある. また, シグナルに逆らうことなく, 現に合理的に適応していたことも確認できる. この意味でBC技術とM技術の二分法は, 戦後の日本農業のイノベーションを理解するのに有益である. けれども今日では, この単純な二分法には収まりきらない技術革新が生じていることも間違いない. その代表が植物工場である[注3].

3. 経済学が捉えた技術進歩

　この節ではシンプルな理論モデルを用いながら，前節で述べてきた経済環境の変化と技術進歩の方向について理解を深めることにしよう．まず技術の概念であるが，経済学は各種の投入要素と生産物の量的な対応関係として把握する．具体的には，投入と産出の対応関係を生産関数として表現する．ごく単純化して，投入要素が土地Aと労働Lのみであり，生産物がYだとしよう．このとき生産関数は式 $Y=f(A, L)$ として表される．

　いま土地面積 A を Ac に固定し，生産関数上の労働投入 L と生産物 Y の関係を模式的に示すならば，図 2 の $Y=f_0(Ac, L)$ のグラフとなる．労働投入の増加に伴って生産物も増加するが，当初は増加分が漸増し，変曲点に達して以降は増加分が漸減する形状を想定している．後者の状態を収穫逓減と呼ぶこともある．労働投入量を変えることで生産量も変わるわけであり，投入・産出の可能性には広い幅がある．経済学はこの可能性の全体を技術として把握する．技術的な可能性を表す生産関数上で，農業経営は利益がもっとも大きくなる点を選択する[注4]．

　図 2 には生産関数が上方にシフトした関数 $Y=f_1(Ac, L)$ のグラフと，左方にシフトした関数 $Y=f_2(Ac, L)$ のグラフも示されている．上方に位置する $Y=f_1(Ac, L)$ について言うならば，同量の労働投入のもとで多くの生産物が産出されている．

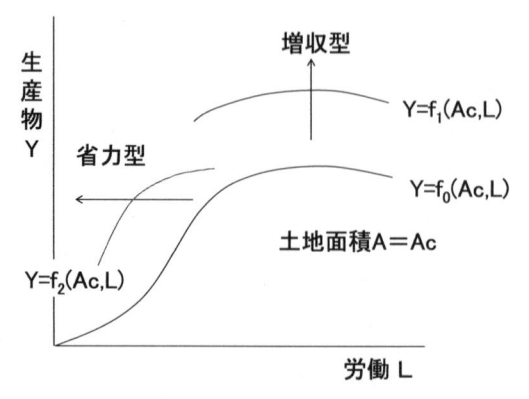

図2　技術進歩の方向転換

同様に左方へのシフトは，同量の生産物が少ない労働投入によって得られることを意味する．このような生産関数の移動として表される現象が技術進歩にほかならない．経済学は技術進歩を投入・産出のメニューそのものの変化として理解するわけである．$Y=f_1(Ac, L)$ は増収型の技術進歩であり，$Y=f_2(Ac, L)$ は省力型の技術進歩を表している．

　技術進歩が生じたのちは，農業経営は新たな生産関数のもとで利益を最大にする投入・産出点を採用することになる．詳細は省くが，食料の価格が労働の価格に比べて相対的に高価な経済環境下，言い換えれば食料不足と労働過剰の環境下では，増収型の技術進歩が多くの利益を生むことにつながり，逆に希少性を増した労働の価格が相対的に上昇するとき，省力型の技術進歩が多くの利益を生む．

　すでに述べたとおり，労働を節約する省力型の農業生産の普及は，農業機械の開発や普及を伴っていた．言い換えれば，省力型の技術の開発・普及は資本財が労働投入に代替するプロセスでもあった．このプロセスについても，生産関数を用いた単純な理論モデルを援用しながら理解を深めることができる．ここでは機械 K と労働 L を投入要素とする生産関数 $Y=f(K, L)$ を想定する．そのうえで考察を機械と労働の代替関係に絞るため，生産関数上の生産物の量を Y_c に固定す

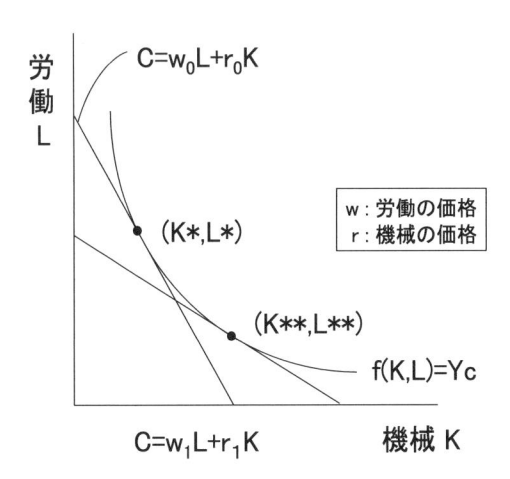

図3　要素価格の変化と要素代替

る.すなわち f (K, L) =Yc とおいて,K と L を座標軸として示したのが図 3 の曲線である.経済学はこれを等産出量曲線と呼ぶ.一定の生産物 Yc を生むために必要な K と L の組み合わせをプロットしているわけである.

経済成長の進展とともに,農業生産では機械が労働に代替する過程が進行した.このプロセスはふたつの側面に分けて考えることができる.ひとつは,従来から純技術的には利用可能であった機械について,経営的な観点からも導入することが有利になった結果として生じる代替である.生産関数に変化は生じていないが,選択される投入・産出点が機械の多投と労働の削減の方向に移行するわけである.経済学はこのような変化を要素代替と呼んでいる.

要素代替は要素の相対価格の変化が生み出す投入・産出点のシフトであり,Yc を生産するための費用を最小化する点の移動にほかならない.図 3 にはふたつの直線が描かれている.いずれも K と L の投入によって生じる費用を数式化したもので,w と r はそれぞれ労働と機械の価格を表している.さらに価格の添字 0 は,労働が相対的に安価であった経済環境を表し,同じく添字 1 は相対的に高価になった状況を表している.そのうえで前者のもとでは,機械節約・労働多投が費用最小化につながり(K^*, L^*),後者であれば,機械多投・労働節約が合理的な選択となる(K^{**}, L^{**}).

そして,農業の投入・産出点の変化をもたらすもうひとつの要素が,生産関数の

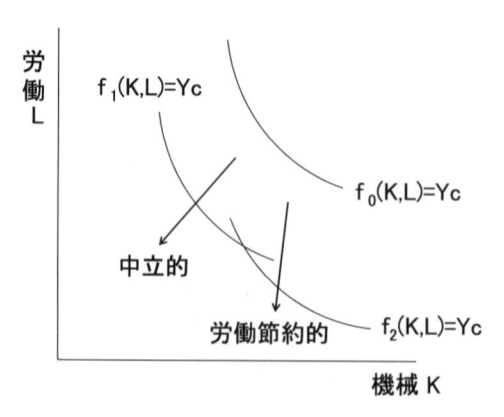

図 4 労働節約的な技術進歩

表2 要素代替と技術進歩で進んだ省力化

	1960年	1970年	1985年
賃金率指数	100	380	1998
農機具価格指数	100	113	231
労働時間（時間）/60kg	23.2	14.6	6.1
同上指数	100	63	26
農機具費（円）/60kg	218	979	2114
同上指数	100	449	970

資料：農林水産省「米及び麦類の生産費」と「農村物価統計」.

注：農機具費は償却費や修繕費. 1960年の固定価格に換算しているため, 実質投入量の推移として解釈できる.

シフトすなわち技術進歩である．そして農業の技術進歩が経済環境の変化に対して合理的に適応しているとすれば，その技術進歩は一種の偏りを伴っていると考えることができる．すなわち，労働が稀少化する環境のもとであれば，技術進歩の方向は労働節約的な偏りを持つといった具合にである．これを模式化したのが図4である．

図の $f_0(K, L) = Y_c$ のグラフは図3と同じ等産出量曲線を表している．ここで技術進歩が生じたとしよう．技術進歩であるからには，同じ産出量をより少量の投入物で生産できることになるはずである．図4には原点に近い位置に二つの新たな等産出量曲線が描かれている．いずれも技術進歩が生じたのちの生産関数に対応している．このうち $f_1(K, L) = Y_c$ は原点に向かって相似縮小的にシフトした等産出量曲線であり，これを中立的な技術進歩と呼んでいる[注5]．中立的な技術進歩を基準として，もうひとつの等産出量曲線 $f_2(K, L) = Y_c$ が表しているのが，労働節約的な技術進歩にほかならない．

農業の現場では要素代替と技術進歩は重なり合って進行する場合が多い．両者の結果として機械の導入が進み，省力化が図られることになる．経済成長下の日本の稲作について，農機具と労働の投入量の変化を確認したのが表2である．

何よりも賃金の際だった上昇ぶりが目につく．農機具の価格もアップしているが，それをひと桁上回る勢いの上昇であった．こうした相対価格の変化に対応す

るかたちで, 労働時間が4分の1に減少し, 機械の投入量がほぼ10倍に増加していることを確認できる. なお, 複数の種類の機械からなる資本財の総投入量を物的なタームで把握することは難しい. ここでは農機具（償却費や修繕費）を1960年の固定価格に換算することで, 実質化した農機具費を機械の投入量とみなしている.

表2はふたつの時期に区分しているが, 1960年代は小型の耕耘機が急速に普及した時期に当たる. 耕耘機自体は戦前から存在したから, この時期の代替は主として要素代替のプロセスとして進んだと考えられる. つまり, 純技術的には従前から利用可能だった機械が急速に導入されたわけである. 現場に新技術が浸透したという意味では, 要素代替による機械化の進展も農業のイノベーションの重要な構成要素だと考えることができる.

そして1970年代に入ると, 田植機やコンバインすなわち乗用の収穫機械が広く導入されるようになる. すでに触れたように, 田植機は日本独自の技術開発の成果であり, まさに労働節約型の技術進歩を象徴していた. コンバインについても, アメリカの農業地帯で普及していた機械がベースにあったものの, 水田での使用や小型化の要請に応えた点で日本ならではの技術開発の一面を有していた.

4. 環境時代のイノベーション

1972年のローマクラブのレポート『成長の限界』の公表をきっかけとして, 資源が有限であることに対する認識が急速に高まり, 人間の活動に起因する自然環境の劣化にも強い関心が寄せられるようになった. こうした流れのもとで1987年には, その後の人々の認識を大きく塗り替えることになる考え方が提唱される. すなわち, ノルウェイの首相ブルントラントが議長を務めた「環境と開発に関する世界委員会」の報告のなかで,「持続可能な開発」というコンセプトが打ち出された.「持続可能な開発」とは「将来の世代がそのニーズを満たす可能性を損なうことなく, 現在の世代のニーズを満たすような開発」を意味する[注6].

地球環境の劣化は農業生産に深刻な影響をもたらす. 例えば土壌の汚染といったローカルな環境問題とともに, 気候変動による作物の生育環境の変化のように, グローバルなレベルの問題もある. けれども逆に, 農業生産が環境にさまざまな

負荷を与えてきたことも事実である．肥料による水質の汚染がその例であり，EUなどでは過放牧による植生の劣化も問題にされた．こうしたときとして農業は加害者でもあるとの認識は，農業の技術開発に新たな課題を投げかけることになった．むろん，新技術の開発のみで環境問題に十分対処できるとは言い難い．この点はすぐのちに触れる．

　農業と環境の関係には，一筋縄ではいかない難しさがある．ふたつの理由がある．ひとつは，食料増産の追求と環境保全にはトレードオフ，つまり「あちらを立てれば，こちらが立たず」という関係が働きがちなことである．もうひとつは，環境に対する負荷が経済学で言うところの外部不経済であり，市場経済の内側にはこれを矯正するメカニズムが働かない点である[注7]．そうであるがゆえに，環境問題の領域では政府の政策が求められる場面も少なくない．

　第1の食料増産と環境保全のトレードオフについては，EUと日本ないしはモンスーンアジアの違いを念頭に置くことも大切である．EUでは1980年代半ば以降に環境に対する負荷を軽減する農業環境政策が本格化する．当初は主として環境への負荷の小さい粗放な農業への転換を助成金で後押しするかたちがとられた．その後は農業経営に対して，一定のレベルまでの環境配慮を実質的に義務づけるとともに，優れた取り組みに対しては助成金を支給する二段構えの政策体系に移行している[注8]．

　一方，EUの政策からはやや遅れをとったが，日本においても農業環境政策が具体化されていく．1999年には家畜排せつ物法と持続農業法が制定され，2005年に閣議決定された第2回の食料・農業・農村基本計画では農業環境規範の策定が謳われた．さらに同じ基本計画を踏まえて，2007年度には農地・水・環境保全向上対策の一部として環境保全型農業への支援策が導入され，2010年度からは環境保全型農業支払のかたちに独立して実施されている．

　このように，深さや広がりはともかく，日本においても農業環境政策が順次導入されてきた．また，導入に際しては先行するEUの経験を参考にした面もある．けれども，農業環境政策をめぐって，EUと日本とでは異なる要素が存在する点にも留意が必要である．ひとつには，EU加盟国の多くの農業地帯と比較して，湿潤な気象条件のもとにある日本の場合，農地が雑草や病害虫の増殖に好適な環境に

置かれていることをあげなければならない．防除の必要性の高さが環境への負荷の強い農薬などの利用につながっている面がある．この点は日本の特徴と言うよりも，モンスーンアジアの共通項だと認識すべきであろう．

　もうひとつ，穀物や牛肉や牛乳・乳製品などの分野で生産過剰に頭を痛めてきたEUとは異なって，日本の食料が海外への依存度を高めてきた点も見逃せない．食料自給率の数値はともかくとして，この国の食料供給力はいわば危険水域に入っていると見るべきであろう（生源寺，2013年）．過剰問題が頭痛の種であったEUにおいて，粗放な農業の奨励は環境への負荷を軽減すると同時に，供給過剰の緩和にも結びつく．一石二鳥の意味合いを持っていたわけである．これに対して，さらなる農業生産の後退が許されない日本では，食料増産と環境保全の二兎を追うことが求められているのである．実はこの点も，モンスーンアジアの少なからぬ国々にあてはまるように思われる．経済成長が軌道に乗ったアジアの国々は，優位性を失う農業と海外依存度を高める食料という点で，大なり小なり，日本と同様の悩みを抱えることになると考えられるからである．

　ここで前節と同様に単純化した理論モデルを用いて，問題の構図を整理しておくことにしよう．図5は環境保全のレベルEを横軸に，食料生産のレベルFを縦

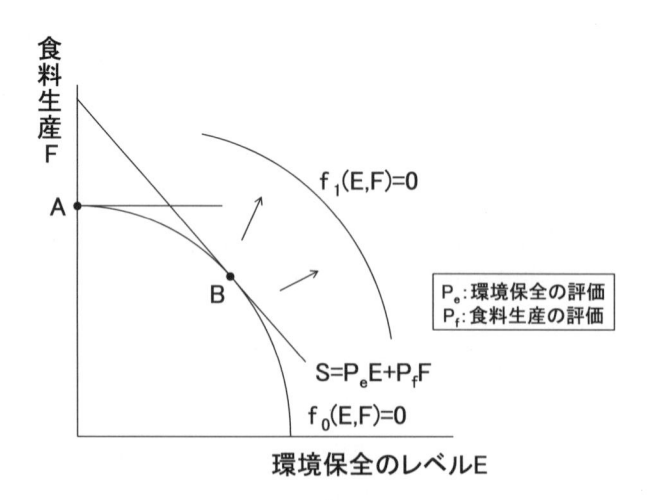

図5　食料生産と環境保全

軸にとっている. 食料生産の位置は高いほどよく, 環境保全は右側に位置するほどよい. 現時点で実行可能なラインは $f_0(E, F)=0$ である. 食料増産と環境保全のあいだにはトレードオフの関係が存在することから, 実行可能なラインは右下がりの形状となる. また, 実行可能なラインの傾きについて, 右側に移動するにつれて次第に急になる状態を仮定している. これは環境保全のレベルが高まるにつれて, 環境保全レベルの追加的な引き上げに必要な食料生産の代償が大きくなることを意味する. レベルが上がるほど追加的な改善にいっそうの困難が伴うとする仮定は, われわれの日常感覚にも合致している.

さて, 実行可能なライン $f_0(E, F)=0$ のもとで, どの点が社会にとってベストの選択であろうか. この設問に対する解答は, 環境や食料に対する社会の評価の水準に依存して決まる. 環境保全レベル1単位当たりの評価を p_e, 食料生産1単位当たりの評価を p_f とする. これらの評価を前提とした場合のベストの選択は, 制約条件 $f_0(E,F)=0$ のもとで環境保全レベルの評価額と食料生産の評価額の和である p_eE+p_fF を最大化する点となる.

問題は p_e の水準である. 食料の価格が市場で形成されているのに対して, p_e についてどう考えればよいであろうか. 最初に環境保全にまったく関心のない社会を想定しよう. 評価 p_e がゼロの状態である. このとき, いま述べた条件付最大化問題の解は図5の点Aとなる. もっぱら食料増産のみが追求されるわけである. これに対して, 環境保全への関心が高まることで評価がプラスの値 p_e をとることになったとしよう. この場合の最適解は点Bとなる. ただし, 点Bで実行可能性のラインに接している直線は, 評価額の総和を表す式 $S=p_eE+p_fF$ を図示しており, 直線の傾きは $-p_e/p_f$ である.

資源の有限性や環境の劣化に対する社会の認識の深まりによって, 環境保全に対する評価がゼロからプラスの値に変わったわけである. では, 環境保全の評価 p_e の変化とは具体的に何を意味するのだろうか. オーソドックスな経済学の教えに従うならば, 政府による環境政策の効果がこの変化に反映されている. つまり, 環境保全につながる農業への助成措置であり, 環境への負荷の強い行為に対する罰則である. これらが経済的なインセンティブもしくはディスインセンテブとして, 人々の判断の場面で考慮されるわけである. 市場経済は外部不経済としての

環境負荷に適切な評価を与えることができない．これが外部経済の定義であり，したがって政府の出番だというわけである．

現代の農業の挑戦は，第1に食料生産と環境保全のバランスの回復であり，第2にそのバランスをより高いレベルに引き上げることである．いま述べたように，前者については政府による評価の是正策が重要な役割を果たすであろう．一方，後者の挑戦においては，農業の技術開発が決定的な役割を果たすはずである．図5では，技術開発によって押し上げられた技術的な可能性を $f_1(E, F) = 0$ のグラフとして表現している．

ところで，オーソドックスな経済学は政府による政策に処方箋を見出してきたと述べたが，今日の先進国においては，このような理解には一定の修正が必要であるように思われる．すなわち，環境保全型農業の実践に関する情報の発信と，これに対する消費者のリアクションが環境保全の推進にとって大切な要素になりつつある点を強調しておきたい．環境保全型農業には，その挑戦に理解を寄せる消費者の選択によって支えられる面がある．この論点については，いくぶん対象を広げながら，経営革新を取り上げる次節でさらに議論することにしよう．

5. 農業経営と食品産業

技術革新に終わりはない．今後とも新技術の創出と普及は農業のイノベーションを支え続けるに違いない．けれども現代の日本では，技術革新以外の領域においても農業の新機軸が生み出され，定着しつつある．それは農業の経営革新の進展であり，以下，本節と次節では消費者との情報交流の広がりや農業経営と川下の食品産業の連携の深まりに着目し，その今日的な意義について考察する．

現代の農業経営に対して良質の情報交流や川下産業への接近を促している要因は，大きく変化した日本の食生活にある．なかでもふたつの要素が農業経営の革新を促していると言ってよい．ひとつは国内の食料消費が飽和から縮小の段階へと移行していることである．もう一度，表1を見ることにしよう．第3節では動物性タンパクや油脂について，食料消費の顕著な変化を確認したわけだが，近年の推移にはもうひとつの変化を確認できる．それは増加トレンドが頭打ちになり，減少傾向に転じたことである．品目によって多少の違いはあるものの，1990年か

ら2000年の時期に転機が訪れたと言ってよい. 1人当たりの消費量だけでなく, 人口も減少局面に移行した(注9).

今後の農業を考えるうえで, これが前提にすべき冷厳な状況ではある. この難局を乗り越えることは容易ではない. けれども, 販路の確保という点で, 日本の農業の課題ははっきりしている. ひとつはカロリーベースで6割, 生産額ベースで3割に達している海外からの輸入農産物に代替する戦略である. そのために必要な戦略のひとつが, 製品の差別化にほかならない. もうひとつの方向は海外への輸出である. 本稿ではこの領域に深く立ち入ることはしないが, すでに成長段階に移行したアジアの国々については, 中長期の時間軸で日本産の食料・食品への需要の高まりを期待することができる.

農業の経営革新を促す食生活の変化のもうひとつの要素は, 食品産業の存在感, すなわち食品製造・食品流通・外食のビジネスの存在感が増したことである. 現代の食生活においては, 加工食品の利用や外食のウェイトが驚くほど高いからである. 2005年のデータによれば, 年間の飲食費支出74兆円のうち, 生鮮品の購入額は18%に過ぎなかった. この場合の生鮮品には肉や米なども含まれている. そ

表3 農業・漁業と食品産業の就業人口

(単位:万人, %)

		1970年	1980年	1990年	2000年	2005年
実数	農業・漁業	987	596	430	314	293
	食品産業	512	643	723	804	778
	食品製造業	109	115	138	143	134
	食品流通業	245	299	333	382	374
	飲食店	159	230	252	279	269
	合計	1499	1239	1153	1118	1071
割合	農業・漁業	65.9	48.1	37.3	28.1	27.4
	食品産業	34.1	51.9	62.7	71.9	72.6
	食品製造業	7.2	9.3	12.0	12.7	12.6
	食品流通業	16.3	24.1	28.9	34.2	35.0
	飲食店	10.6	18.5	21.9	25.0	25.1
	合計	100.0	100.0	100.0	100.0	100.0
就業者総数		5211	5578	6168	6303	6153

資料:総務省「国勢調査」

れでも2割以下なのである。一方,加工食品への支出は53%,同じく外食が29%に達している。

　フードチェーンの流れの中で農業の川下に位置する食品産業の厚みが増し,そこで大きな付加価値が形成されているわけである。この点は食品産業の就業者のウェイトが上昇したことにも現れている。表3には農業・漁業と食品産業の就業者の推移を示した。かつては素材生産を担う農業と漁業が3分の2を占めていたが,今日では食品産業8に対して農業・漁業が3の比率となった。同時に構成比は変わったものの,日本経済に占める食をめぐる産業の比重の大きさも強調しておきたい。食をめぐる産業は雇用機会としても重要なのである。

　素材産業と消費者のあいだには食品産業が厚い層をなして活動している。しかも,食品の素材のかなりの部分は海外からの輸入品である。この実態が現代の豊かな食生活を支えていることは間違いない。しかしながら同時に,食料・食品をめぐる素材産業と食卓の距離が広がったことも事実である。空間的な輸送距離の拡大はむろんのこと,食品アイテムごとのフードチェーンに多数の企業や組織や人材が関与する点で,いわば産業の連鎖という意味での距離も拡大した。他方で,こうした二重の意味での距離の拡大は,供給する側と消費者を隔てる情報ギャップの拡大にも結びついた。ここで言う情報ギャップとは,第1に保有する情報量のギャップであり,第2に情報の咀嚼力のギャップである。いささか逆説めくが,ギャップが深まっただけに情報の重みが一段と増している。これも現代の食生活の一側面にほかならない。

6. 農業の経営革新

　食品産業の存在感が高まり,限られたマーケットをめぐる競争環境が厳しさを増すなかで,農業経営に求められている革新とは何か。ひとつは情報発信力の向上,つまり情報発信の中身と技法のレベルアップである。情報発信によって顧客の購買行動に働きかけるという意味で,これは製品の差別化戦略でもある。そしてもうひとつの革新は,食品産業との良好な連携を築くことであり,ときには農業経営自身が食品産業のビジネスを内部に取り込むことである。

　日本の農業の強みは高品質の農産物を生み出す伝統の力にあった。いや,過去

形で語るべきではなかろう．今後とも輸入品との差別化の源泉として，あるいは海外の顧客を引きつけるパワーとして，製品自体の品質が大切であることは間違いない．けれども同時に現代の農産物については，農産物自体の品質に加えて，農産物を生み出した生産工程の品質のレベルも問われることになる．生産工程の品質を象徴するのが，環境保全型農業の実践にほかならない．前節で論じたように，環境保全の取り組みには，経済的なインセンティブを付与する政策や食料増産との両立に挑戦する技術開発など，個々の農業経営を超えたレベルで進められるものもある．けれども，農業経営者による情報発信を通じて消費者行動に働きかけることも，これまで以上に重要な意味を持つに違いない．

　農業の優れた生産工程は，大半の場合，製品の中身に直接反映されるわけではない．例えば減肥料や減農薬の栽培による農産物であることを，一般の消費者が識別することは難しい．そこで物を言うのが，的確な情報の発信にほかならない．もっとも情報発信と言っても，ICT つまり情報機器を駆使する通信技術だけが有効な手段だというわけではない．顧客との対面方式によるコミュニケーションが効果的な場合も少なくない．この点では 2009 年度で 16816 を数えた農産物の直売所の隆盛を見逃せない[注10]．直売所に技術的に目新しいところはない．現代の消費者のニーズに応えた販売方式の創出という点で，農業のソフトの経営革新の一形態だと考えることもできる．

　情報発信の重要性は，環境保全の領域にとどまらない．先ほど指摘した情報ギャップの拡大もあって，現代の食生活において，消費者が選択に際して食品に求める属性情報の範囲は著しく広がっている．原産地をはじめとして，安全・安心に関わる情報が求められ，栄養素や機能性に関する情報に関心が寄せられる状況がある．さらに今後は，その農場が，農場で働く人々の健康や安全に十分配慮しているか否かといった点に注目する消費者も増えることであろう．言い換えれば，的確に情報を提供することで差別化をはかることのできる領域が拡大しており，農業経営者にはこうした消費者ニーズの変化への前向きな対応が求められているわけである．

　食品は経験財の典型であると考えられてきた．つまり，消費体験によって品物の中身が分かる商品だとされてきた．しかるに今日，食品は信用財としての側面

を強めている[注11]．信用財とは消費体験だけでは真の品質を知ることができない財のことであり，それだけに真正な情報の添付が決定的に重要になっている．農産物の差別化戦略のうえでも，念頭に置くべき時代の変化だと言ってよい．

　ここで農業と食品産業の連携の問題に移ろう．加工食品や外食向け農産物の増加は，定時・定量・一定品質の調達が重視されることにつながり，農産物の出荷体制の面でも生鮮品とは異質のニーズを生んでいる．このような要請とも関わって，加工や外食向けの農産物の場合，あらかじめ取引条件について契約を交わし，その取り決めに従って売買が行われるケースが増えている．農業経営にとって，固定的な相手との継続的な取引には市場でのスポット取引に特有の価格変動リスクを回避できる利点がある．

　けれども同時に，食品製造業の企業や外食産業のチェーン店など，新たに接するビジネス領域について十分に知識を確保することも必要になる．また，持続的に有利な取引条件を確保するためには，交渉上の戦術に長けていることも大切である．だとすれば，川下の産業との取引については，専門の人材を配置することが適切な場合もあるに違いない．このように，市場出荷とは異なる販路への進出は農業の経営組織に構成について再考を促すことにもなる．

　食品産業との連携が深まる中で，個々の農業経営の生産能力を超える量の出荷を求められることになるかもしれない．このようなニーズに応えるべく，近隣の農業経営の農産物の出荷を引き受けることで，定量出荷体制を確保する農業経営も存在する．安定した販路の確保を軸に，地域の農業経営のあいだに緩やかな連携関係が築かれるわけである．なかには県域を越える拡がりのもとで，共同出荷体制を展開している事例もある[注12]．これも農業経営と農業経営の新たなつながりの創出という意味で，経営革新のひとつの形態だと言ってよい．

　現代の農業は販路となる取引相手をみずから開拓する時代に入っている．伝統的な農協への出荷方式であれば，売れない心配はないが，価格は手の届かないところで決まる．むろん，その農産物がどのような実需者や消費者の手に渡るかを知ることもむずかしい．これに対して，固定的な取引先を確保している農業経営は，販売の見通しが得られてのちに生産計画を練り上げる．固定的な取引先と述べたが，取引先を多元化することも重要な経営戦略のひとつである．それが交渉

上のポジションの強化にもつながる．販売量のリスクのない農協出荷との組み合わせも考えられる．このように販売戦略ひとつをとっても，食品産業のビジネスと向き合うことは農業経営のイノベーションを促す原動力であることが理解できるであろう．

　農業経営自身が販売や加工や食事の提供に取り組む動きも活発になっている．農業経営のウィングを食品産業の領域に広げることは，川下に肥沃に横たわる付加価値形成の土壌をみずからの経営に取り込むことにほかならない．簡単なことではない．加工にせよ外食にせよ，ハードとソフトの両面で農業生産とは異質なスキルが要請される．この面では多数の従業員を擁する法人経営や比較的人数の多い家族経営に強みがあることは間違いない．なぜならば，少人数の家族経営の場合，加工・販売・外食の専門性を要求される部門に人材を確保・養成することが難しいからである．

　農産物を販売し，加工を施し，食事を提供することは，それだけ顧客に近づくことでもある．市場に出荷していた段階では見えなかった消費者のニーズに触れる機会が増えるわけである．と言うよりも，顧客のニーズを把握する努力なしには，販売・加工・外食で成果をあげることは覚束ない．製品の値決めひとつをとっても，一歩間違えれば，収益は消失してしまうに違いない．顧客のニーズと向き合うことで農業経営が鍛えられる時代，これが現代だと言ってよい．

注

1) 研究開発組織における専門的な知見や試作品の段階にとどまっている場合，これを技術進歩と表現すべきではない．農業生産を担う人々に利用可能な技術として認識されるに至ったとき，社会的に意味のある技術進歩が生まれたことになる．ただし，純技術的には利用可能であっても，経済性の基準に照らして採用されない技術も存在する．この点については第3節でも触れる．
2) 田植機の実現につながった技術として，長野県農業試験場雪害試験地の松田順次が1955年に開発した箱苗の存在を忘れてはならない（西尾，2010）．箱苗はBC技術の典型であり，田植機にはBC技術に支えられたM技術という面がある．
3) 植物工場の技術的な本質は別途に考察を必要とするが，BC技術の革新とM技術の革新の両面が含まれているように思われる．加えて，温度その他の環境情報を把握し，それを自動的に制御する点で，人間の情報処理と情報対応の働きに施設が代替している面がある．
4) この問いの解は，生産関数 $Y=f_0(Ac, L)$ の制約のもとで $pY-wL$ を最大化することで得ら

れる．ただし，p は生産物の価格，w は労働の価格である．また，単純化のため農地は農業経営者が所有し，農業経営の利益は土地に帰属する経済価値を含むことにする．最大化問題の解は，労働の価格がゼロでない限り，生産物を最大化する点よりも少ない投入量となる．

5) 厳密には創案者の名前を付してヒックス中立的と呼ぶ（ヒックス，1965）．
6) 「環境と開発に関する世界委員会」の報告には邦訳が公刊されているが（環境と開発に関する世界委員会，1987），持続可能な開発についての訳文は，問題が世代間の公平に深く関わることを十分に伝えていないとの判断から，ここでは筆者自身が訳出した．なお，開発を表す英語の develop は他動詞として開発を意味するとともに，自動詞としては発展を意味している．
7) 外部不経済とは環境汚染のように，企業などの活動が市場を経由することなく，人々への悪影響として受け渡される現象を意味する．受け渡される影響が好ましいものである場合には外部経済と呼ぶ．
8) 「実質的に義務づける」としたのは，かつての価格政策に変わる直接支払いの支給要件として，環境保全への配慮を求める方式であることを考慮した．なお，時代の推移とともに，ＥＵの農業政策は環境保全のウェイトを徐々に高めてきた（荘林ほか，2012）．
9) 総務省統計局によれば，日本の人口は 2005 年にはじめて前年を下回った．その後は一進一退の状態にあるが，減少局面に入りつつあることは間違いない．
10) 農林水産省「農産物地産地消等実態調査」（2009 年度）による．
11) 経験財・信用財のほかに消費の前と後のいずれについても品質を確認できる探索財がある（Darby and Karni, 1973）．
12) 代表的な事例として「野菜くらぶ」の取り組みがある（澤浦，2010）．また，農業経営のネットワーク型の結合について分析した研究もある（門間ほか，2009）．

参考文献

Darby, M.R. and E. Karni 1973. Free Competition and Optimal Amount of Fraud. Journal of Law and Economics. Vol.16, pp.67-88.
ヒックス，J.R. 1965．賃金の理論 原書第 2 版．内田忠寿訳，東洋経済新報社，東京．1-258．
門間敏幸 編 2009．日本の新しい農業経営の展望，農林統計出版，東京．1-143．
西尾敏彦 2010．農の技術を拓く，創森社，東京．1-286．
環境と開発に関する世界委員会 1987．地球の未来を守るために，福武書店，岡山．1-440．
澤浦彰治 2010．農業で利益を出し続ける 7 つのルール，ダイヤモンド社，東京．1-238．
荘林幹太郎・木下幸雄・竹田麻里 2012．世界の農業環境政策，農林統計協会，東京．1-263．
生源寺眞一 2013．農業と人間，岩波書店，東京．1-213．

あとがき

三輪 睿太郎
日本農学会副会長

　我が国の農林水産業は需要の低迷，価格の低下で総生産額は縮小の一途をたどり，世界的な農産物需給の引き締まりも収益にはまったく寄与せず，飼料や肥料，あるいは重油の高騰などによるコスト増という負の影響しか受けていない．
　これでは後継者が減り，結果的に担い手の高齢化に拍車がかかり，産業としての力が低下するのは当然である．
　そして単に農林水産業の停滞にとどまらず，商工業の衰退もあいまって多くの地域で雇用，定住人口の減少が進み，長期にわたり地域経済を低迷させることが我が国にとって重大な問題として指摘されるようになった．
　そのため，経済の成長戦略においては国内農林水産物の直接的な市場拡大である農産物輸出の促進と，農林水産物の価値を高め，市場から地域の生産者，関連産業へのマネーフローを拡大することが重要な課題とされた．
　特に後者は六次産業化で，農工（一次産業と二次産業），農商（一次産業と三次産業），農商工（一次，二次，三次産業）間の連携を推進することで成果を上げることが期待されている．
　本書では農業経済学者による，新しいビジネスモデルとフードチェーンの概念及び事例分析とともに，食品分野としての果樹，畜産，醸造，家畜，養殖漁業，非食品分野として林業，バイオマスエネルギー産業について彩り豊かで具体的な話題が紹介された．
　これまでの六次産業化，地域ブランド化の例をみると，地域や担い手こそ多様

であるが, 産品だけみれば, 野菜, 果実, 畜産物など旧来のものが多く, 加工品についても, ここでもあそこでも, という類似性があるのは否めない. その理由は生鮮農産物の高品質化と販路開拓, 出荷流通経路の改革を内容とする「農商」連携の成果が大半で, これに比べて地域に新たな製造業を創出するという意味での「農工」連携が低調なためだと思われる.

発酵, 醸造, 天然物合成, 木材加工, 水産加工などの製造技術開発に伝統をもち, 分子生物学や情報通信技術によって, 全般にわたる進化著しい応用科学としての農学はさらに豊かで創造的な技術シーズを提供し, このような現状の打破に大いに貢献できるであろう.

本書で各学会の代表者が著した取り組みが, その着想と素材への愛着, 産業化, 商品化への熱意において重要な手がかりを与えることを期待する.

著者プロフィール

敬称略・五十音順

【大熊 幹章（おおくま　もとあき）】
　東京大学農学部卒業．東京大学名誉教授．専門分野は林産学・木材利用学．

【小川 一紀（おがわ　かずのり）】
　東京薬科大学薬学研究科博士課程後期課程中退．薬学博士．東京薬科大学助手，農林水産省果樹試験場興津支場，国際農林水産業研究センター沖縄支所，農研機構果樹研究所カンキツ研究興津拠点を経て，同ブドウ・カキ研究領域長．専門分野は，天然物・植物化学，食品分析，遺伝資源評価，果実成分利用．

【小澤 壯行（おざわ　たけゆき）】
　東京農工大学大学院農学研究科修了．4年間の社団法人中央酪農会議勤務，日本獣医畜産大学（現：日本獣医生命科学大学）畜産学科の助手を経て，ニュージーランド・マッセイ大学へ客員研究員として留学．2012年より日本獣医生命科学大学教授．専門：動物システム経営学．

【斎藤 修（さいとう　おさむ）】
　東京大学大学院農学研究科博士課程修了．農学博士．広島大学助手・助教授・教授（生物生産学部）を経て1997年より千葉大学教授（園芸学研究科）．専門分野はフードシステム学・農業経済学．

【鮫島 正浩（さめじま まさひろ）】
　東京大学大学院農学研究科林産学専攻博士課程修了．農学博士．日本学術振興会奨励研究員，東京大学農学部林産学科助手，東京大学大学院農学生命科学研究科助教授を経て，2001年7月から同教授．専門分野は林産学，バイオマス利用学，森林生物化学．

【生源寺 眞一（しょうげんじ しんいち）】
　東京大学農学部農業経済学科卒業．農林省農事試験場研究員，北海道農業試験場研究員，東京大学農学部助教授，同教授を経て，2011年から名古屋大学大学院生命農学研究科教授．専門分野は農業経済学．

【野原 節雄（のはら せつお）】
　育英工業高等専門学校電気工学科卒業，（株）間組・技術研究所にて陸上養殖に関する研究，2002年より（株）アイ・エム・ティー，現在専務取締役技術統括，2002年より生物系特定産業技術研究支援センターの委託研究により8年間高密度閉鎖循環式エビ生産システムの開発に従事，2009年産学官連携功労者として農林水産大臣賞を受ける．

【秦 洋二（はた ようじ）】
　京都大学農学部農芸化学科卒業．1983年，大倉酒造（現：月桂冠）入社．現在，取締役総合研究所長兼醸造部長．その他，奈良女子大学客員教授，京都大学，大阪府立大学，京都女子大学非常勤講師．専門分野は，醸造発酵学．

【三輪 睿太郎（みわ えいたろう）】
　東京大学農学部卒業．農業技術研究所，農業環境技術研究所を経て1997年農林水産技術会議事務局長，2001年（独）農業技術研究機構理事長，2006年東京農業大学総合研究所教授．2007年より農林水産省農林水産技術会議会長．専門分野は土壌肥料学．

【薬師堂　謙一（やくしどう　けんいち）】

　北海道大学農学部農業工学科卒業．農林水産省農事試験場に入省，九州沖縄農業研究センターバイオマス利用研究チーム長，中央農業総合研究センターバイオマス資源循環チーム長を経て，現在（独）農研機構バイオマス研究統括コーディネーター．専門分野は農業施設，エネルギー変換．

Ⓡ〈学術著作権協会委託〉			
2014	2014年4月5日　第1版第1刷発行		

シリーズ21世紀の農学
農学イノベーション

著者との申し合せにより検印省略

編著者　日本農学会

ⓒ著作権所有

発行者　株式会社　養賢堂
　　　　代表者　及川　清

定価(本体1852円＋税)

印刷者　株式会社　丸井工文社
　　　　責任者　今井晋太郎

発行所　〒113-0033　東京都文京区本郷5丁目30番15号
　　　　株式会社 養賢堂
　　　　TEL 東京(03) 3814-0911　振替00120
　　　　FAX 東京(03) 3812-2615　7-25700
　　　　URL http://www.yokendo.co.jp/

ISBN978-4-8425-0524-4　C3061

PRINTED IN JAPAN　　製本所　株式会社丸井工文社

本書の無断複写は、著作権法上での例外を除き、禁じられています。
本書からの複写許諾は、学術著作権協会（〒107-0052 東京都港区赤坂9-6-41 乃木坂ビル、電話03-3475-5618・ＦＡＸ03-3475-5619）から得てください。